传染性胸膜肺炎：肺部病变

传染性胸膜肺炎：胸腔积液

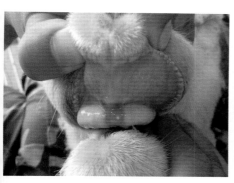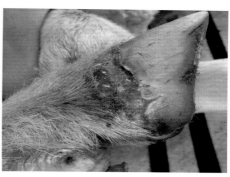

口蹄疫：口腔破溃　　　　　　　　　　　口蹄疫：蹄甲病变

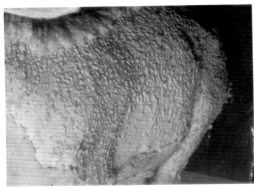

羊痘：皮肤丘疹

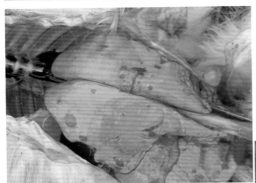

羊痘：肺部瘤状坏死

绵羊肺腺瘤病：病羊头垂下时
鼻孔流出泡沫状黏液

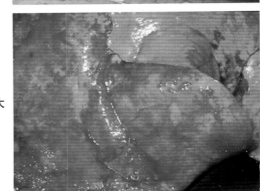

绵羊肺腺瘤病：肺脏肿大

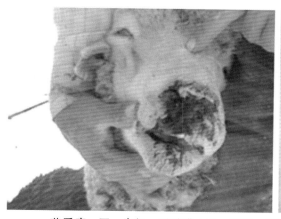

蓝舌病：唇、齿龈、舌黏膜水肿、糜烂、溃疡，溃疡损伤部位渗出血液

羊口疮：口腔及周围形成脓疱、溃疡

小反刍兽疫：病羊流黏脓性鼻液

小反刍兽疫：肺部病变

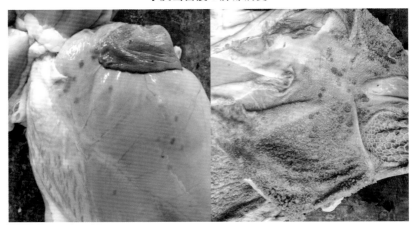

小反刍兽疫：瘤胃病变

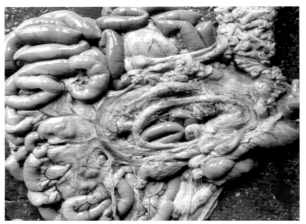

小反刍兽疫：肠道病变

规模肉羊场疾病高效防控手册

权 凯 李 君 编著

金盾出版社

内容提要

　　本书由郑州牧业高等专科学校专家编著。主要从羊的引种、羊场建设、羊的饲养管理、羊的营养饲料、羊场的生物安全措施、羊的保健与疫病监测和羊常见病的诊断和治疗等多方面着手,结合规模化羊场以及羊的生理特点,对规模肉羊场疾病高效防控措施进行了综合介绍,可供肉羊养殖企业相关技术人员、肉羊规模养殖户以及农业院校相关专业师生阅读参考。

图书在版编目(CIP)数据

　　规模肉羊场疾病高效防控手册/权凯,李君主编.—北京:金盾出版社,2015.12(2017.8 重印)
　　ISBN 978-7-5082-9907-5
　　Ⅰ.①规… Ⅱ.①权…②李… Ⅲ.①羊病—防治—手册 Ⅳ.①S858.26-62

　　中国版本图书馆 CIP 数据核字(2015)第 000588 号

金盾出版社出版、总发行
北京太平路 5 号(地铁万寿路站往南)
邮政编码:100036 电话:68214039 83219215
传真:68276683 网址:www.jdcbs.cn
北京军迪印刷有限责任公司印刷、装订
各地新华书店经销
开本:850×1168 1/32 印张:7.875 彩页:4 字数:185 千字
2017 年 8 月第 1 版第 2 次印刷
印数:5 001~9 000 册 定价:23.00 元
(凡购买金盾出版社的图书,如有缺页、
倒页、脱页者,本社发行部负责调换)

前　言

　　2014 年中央 1 号文件提出要抓好牛、羊肉的生产供应。农业部副部长于康震在 2014 年肉牛羊主产县畜牧局长班上强调，要加快畜牧业全产业链转型升级，切实推进现代畜牧业发展。当前我国畜产品结构性供需缺口不断扩大，畜产品质量安全事件时有发生，资源环境约束日益显现，规模化、标准化水平有待提高，稳供给、保安全的任务仍然十分艰巨，畜牧业发展面临着前所未有的挑战。加快推动畜牧业全产业链的转型升级，是实现畜牧业由外延式增长向内涵式增长转变的重要途径。质量安全和生态安全作为保障畜产品有效供给的两个支撑点，是推进标准化规模养殖、加快畜牧业发展方式转变的支柱。

　　养羊业虽然在过去的几年得到了快速的发展，但在养羊业由传统放牧模式向高度集约化、现代化模式的转变过程中，饲料品种、饲养方式的改变，羊只流动性和饲养密度的增大以及接触率增高，均给疫病防控带来了巨大的困难，如 2014 年暴发的小反刍兽疫就给我们敲响了警钟。据世界动物卫生组织有关资料显示，羊的主要疫病有 54 种，其中传染病有 35 种，寄生虫病有 19 种。在 35 种传染病中，病毒性传染病有 11 种，细菌性传染病有 18 种，其他微生物类传染病有 6 种。根据国内有关羊病的资料显示，羊的 54 种主要疫病在我国都曾经发生过，其中至少有 9 种属人兽共患病。

　　因此，在当前形势下如何做好规模羊场疫病的防控工作，是兽医工作人员急需掌握的技术。笔者根据多年来对养羊业的理解，编写了《规模肉羊场疾病高效防控手册》一书，主要从羊的品种、羊场的建设、羊的饲养管理、羊的营养饲料、羊场的生物安全措施、羊的保健和疫病监测以及羊常见病的诊断和治疗等多方面着手，结合规模化羊场以及羊的生理特点进行了综合介绍，可供养羊企业相关技术人员、规模养殖户以及农业院校相关专业师生阅读参考。

感谢河南三木绿源养殖有限公司等单位提供的图片，在此表示感谢。

由于笔者水平有限，书中错误、遗漏之处在所难免，敬请广大读者批评指正。

编著者

目　录

规模肉羊场 疾病高效防控手册

目　录

第一章 概　述

　　羊肉是我国城乡居民重要的"菜篮子"产品,更是国内穆斯林群众的生活必需品。改革开放以来,我国肉牛、肉羊产业快速发展,牛、羊肉产量持续增长,在肉类总产量中的比重逐步提高,生产布局进一步向优势产区集中,对优化畜牧业产业结构、增加农牧民收入、丰富城乡居民"菜篮子"、促进社会和谐稳定发挥了重要作用。近年来,随着人口增长和城乡居民消费水平的提高,特别是城镇居民肉类消费结构的变化,羊肉消费持续快速增长,但受生产成本上升、发展方式转型、自然灾害和疫病多发等因素影响,羊肉生产增速减缓,价格连续上涨,部分地区出现供应偏紧。

　　羊具有食谱广泛、繁殖率高、适应性强、易管理等特点,且全球羊肉消费的巨大需求,必将促使肉羊生产迅速发展。随着我国国家西部大开发战略的实施、退耕还林还草工程的整体推进,羊肉越来越受到人们的喜爱,规模化养羊迎来了良好的发展机遇。

第一节　规模养羊生产现状

一、世界养羊业现状

　　目前,世界肉羊产业总体保持平稳增长的趋势,不过近年来有所下滑。无论是从绝对量还是相对指标的变动趋势上看,发展中国家肉羊生产的发展速度要远快于发达国家,世界肉羊生产的重心已由发达国家转向了发展中国家。

　　（一）羊肉需求缺口大　随着世界经济的发展和人类膳食结构

的改变,国际市场对羊肉需求量逐年增加,使得羊肉产量持续增长。据统计,1969~1970年,全世界生产羊肉727.2万吨,1985年增加到854.7万吨,1990年达941.7万吨,2000年增加到1 127.7万吨,2002年增加到1 162.3万吨,年均增长达2.2%。

但同其他肉类消费相比,全球人均羊肉的消费量依然很低,仅为2千克/年,占世界肉类总产量(24 263万吨)的4.8%。其中,年产羊肉50万吨以上的国家依次是中国、印度、澳大利亚、新西兰和巴基斯坦,这些国家羊肉产量占世界总产量的48.1%。在过去的10多年中,羊肉生产呈现由发达国家向发展中国家转移的趋势,与1990年产量相比,发达国家产量下降了20%,而发展中国家产量上升了43%,使发展中国家羊肉产量份额由58%上升到71%。

从世界羊肉产量来看,我国是世界肉羊生产大国,自2001年加入世界贸易组织(WTO)以来,随着市场开放程度的不断提高,我国肉羊国际贸易总额不断增长,但贸易逆差不断拉大。进口、出口市场相对集中,特别是进口市场集中化趋势更为明显。

(二)羔羊肉消费加快 世界各国重视肉羊生产,尤其是羔羊肉的消费需求增加更快。顺应日益增长的国际市场需求,英国、法国、美国、新西兰等养羊大国现今养羊业主体已变为肉用羊的生产,历来以产毛为主的澳大利亚、苏联、阿根廷等国,其肉羊生产也居重要地位。世界养羊业出现了由毛用转向肉毛兼用甚至肉用的趋势,一些国家将养羊业的重点转移到羊肉生产上,用先进的科学技术建立起自己的羊肉生产体系。

由于羔羊出生后最初几个月生长快、饲料转化率高,生产羔羊肉的成本较低,同时羔羊肉具有瘦肉多、脂肪少、味美、鲜嫩、易消化等特点,一些养羊比较发达国家都开始进行肥羔生产,并已发展到专业化生产程度。

(三)重视科学、环保养殖 羊肉是世界公认的高档食品,在国际贸易中价格较高,兽药和饲料添加剂使用少、使用时间短,没有有害物质残留;在草原上自由运动、自然生长的肉羊是真正的纯天然绿色食品,具备产品竞争优势,深受消费者青睐。

（四）肉羊品种良种化　目前,世界各国都非常重视新的高产优质肉羊的培育,如新西兰是著名的肉羊业发达的国家之一,牧草终年繁茂,有"草地羊国"之称。美国的养羊业也是以生产羊肉为主,他们将萨福克羊作为肉羊的终端品种,重点生产羔羊肉。这两个国家羔羊肉的生产都占羊肉生产比例的90%以上,而英国是30多个肉用绵羊品种的育成地,这些绵羊品种对世界各国肉羊业的发展有很大影响。羊肉是英国养羊业的主产品,约占养羊业产值的85%。近年来,英国又培育出了新的肉羊品种,考勃来羊的育成是英国养羊业的一个重大突破。在羔羊生产方面,英国在山区利用山地品种羊纯繁,母羊育成后转到平原地区与早熟公羊品种杂交,其后代公羔用于羔羊生产,母羔转回再用早熟品种作终端品种进行杂交,获得了很高的经济效益。

这些新品种的主要特点是经济早熟,产肉性能好,繁殖力高,全年发情、配种与产羔,遗传性稳定,适应性强等,如夏洛莱羊、剑桥羊、波利特羊、阿尔科特羊和我国培育的南江黄羊等。杂交繁育已成为获取量多、质优和高效生产羊肉的主要手段,多数国家的绵羊肉生产以三元杂交为主,终端品种多用萨福克羊、无角或有角陶赛特羊、汉普夏羊等;山羊肉生产以二元杂交为主,终端品种多用波尔山羊、简那巴利羊、纽宾羊等。

这些模式,既充分利用了地区资源条件,又利用了杂种优势,向我国养羊业展示了成功的经验,也提供了有益的启示。

（五）规范化的肉羊养殖、交易、屠宰和销售环节　就目前农区养羊的总体情况来看,肉羊业尚处于发展初期。农民自养绵、山羊仍占较大比重,长期以来主要是利用淘汰老残羊和去势公羊生产羊肉,其特点是:规模小、饲养管理粗放、经营方式落后、生产水平低、远远不能满足市场的需求。而舍饲羊即将羊群置于圈舍进行人工饲养,是由传统养羊方式向现代化、集约化养羊发展的重要形式。其优点不仅表现在可以充分利用本地的良种繁育、杂种优势、配合饲料、疫病防治等科学技术,还表现在舍饲比放牧可平均减少维持消耗 25%(放牧羊只的行进、爬高等),增加收入 20%~30%。英国是世界养羊生产水平最高的国家之一,近年来,也积极提倡"零牧制度",推广舍饲养羊。可见,舍饲养羊是养羊业的发展趋势。

二、我国养羊业现状

(一)肉羊生产情况　我国肉羊生产快速发展,生产水平不断提高,肉羊产业在畜牧业中的地位不断上升。从整体来看,肉羊生产仍以家庭经营为主,规模化、专业化程度低。饲养规模在 100 只以下,年出栏量占全国的 80% 以上,其中饲养规模在 30 只以下的占全国年出栏总量的比重在 50% 左右。2011 年,全国肉羊养殖户共计 2 080.88万户,其中年出栏 100 只以下的户数达 2 052.3 万户,占总户数的 98.6%,而出栏 100 只以上的户数仅占总数的 1.4%。

从总体上来看,肉羊生产以散养为主,规模化程度不断上升,肉羊生产的区域化特征明显,产业集中度不断提高。

(二)羊肉消费市场　羊肉消费量呈上升趋势,消费方式日渐多样化,羊肉产品消费在城乡之间、地域之间和不同收入水平之间存在明显差异,在肉类消费的国内市场上,羊肉产品价格始终在小幅波动中保持上扬态势。在国际市场上,我国羊肉及其相关产品进口增加、出口减少,贸易逆差呈扩大之势。

长期以来,在我国肉类产品市场消费结构中,猪肉比重较大,羊肉所占比重仅为 5.5%。随着城乡居民收入水平的不断提高,消费观念逐步转变,羊肉消费量呈上升趋势。据国家统计局资料显示,2002 年我国人均家庭消费羊肉 0.79 千克,到 2007 年上升到 1.06 千克,年均递增约 6%。按这一趋势推测,到 2015 年我国家庭人均消费水平将达到 1.69 千克,按 13.7 亿人口估测,届时我国羊肉家庭消费需求量将达 231.5 万吨,再加上无法精确统计的户外消费部分,羊肉需求量更大(表 1-1)。

表 1-1 我国肉类消费变化情况比较 （单位:千克）

指 标	1990 年	1995 年	2000 年	2005 年	2010 年	2011 年	2012 年
猪 肉	10.54	10.58	13.28	15.62	14.4	14.42	14.4
牛 肉	0.4	0.36	0.52	0.64	0.63	0.98	1.02
羊 肉	0.4	0.35	0.61	0.83	0.8	0.92	0.94

可以看出,一直以来,牛、羊肉消费一直处于稳定上升状态,而猪肉消费在 2005 年以后,呈现平稳甚至下降趋势。

(三)良种肉羊备受青睐 在引进肉羊良种,加强肉羊原种场、繁育场建设的基础上,杂交改良步伐加快,肉羊良种供种能力明显提高,杜泊羊、东弗里生羊、无角陶赛特羊、德国肉用美利奴羊、波尔山羊等良种肉羊开始大面积用于生产实际。

(四)农区肉羊养殖步伐加快 牧区广泛推行草原牧区禁牧、休牧、轮牧等草原生态保护建设措施,肉羊饲养由粗放放牧方式逐步向舍饲和半舍饲转变;农区、半农区着重推广肉羊科学饲养管理技术,由饲喂单一饲料逐步向饲喂配合饲料转变,反刍动物配合料使用量逐步提高。通过良种良法相配套,改变了肉羊饲养多年出栏的传统习惯,羔羊当年肥育出栏比例由 2002 年的 20% 左右提高到 35%,出栏肉羊平均胴体重提高到 15.5 千克,瘦肉率明显提高,羊肉品质明显改善。

(五)养羊模式正在改变 肉羊养殖模式正在从传统养殖向科学化、合理化到标准化的转变。从单一的放牧形式向集约化、规模化转变,进入 20 世纪后期,绿色、健康食品开始快速发展,养羊业又开始从追求标准化、单一追求数量开始向数量、质量和生态效益

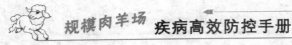

并重的方向发展。

第二节　规模羊场疾病流行特点

一、疫病种类多、危害重

据世界动物卫生组织有关资料显示,羊的主要疫病有 54 种,其中传染病有 35 种,寄生虫病有 19 种。在 35 种传染病中,病毒性传染病有 11 种,细菌性传染病有 18 种,其他微生物类传染病有 6 种。

而根据国内有关羊病的资料显示,羊的 54 种主要疫病中,在我国都曾经发生过,其中至少有 9 种属人兽共患病。

二、疫情发生风险高

我国对口蹄疫等重大动物疫病实施强制免疫接种。通过对全国 14 个规模化羊场调查可知,目前我国规模化羊场口蹄疫免疫密度达 100%,免疫合格率基本达到国家规定的标准,但其感染抗体阳性率平均达 9% 以上(不排除重复免疫的影响),远高于全国牛、猪、羊平均 1.65% 的阳性比例,提示规模化羊场发生口蹄疫疫情的风险较高。

羊痘每年在全国范围内散发,虽然发病动物数量逐年下降,但发病次数和疫点数量呈上升趋势。

三、人兽共患病防控形势严峻

自新中国成立以来,我国非常重视人兽共患病的防控,取得了良好的效果。但近年来由于单纯追求经济效益导致对重大动物疫病重视而忽视了对人兽共患病的防控和净化,人兽共患病发病率有所上升。据统计,2010 年度各种人兽共患病发病数量比 2009

年度上升了 54.51%。

2011 年上半年全国动物(牛、羊、猪)布鲁氏菌病阳性率明显上升(1.69%),其中全国羊阳性率高达 2.23%,说明我国布鲁氏菌病感染率呈快速上升趋势,警示规模化羊场应进一步做好防控。弓形虫病阳性率平均为 18.75%,其中规模化羊场阳性率最高达 88.89%,最低为5.96%,防控形势严峻。衣原体病阳性率平均为 5.64%,其中阳性率最高的羊场为 21.94%,最低为 0,应引起高度重视。

四、病原传入和变异加剧

国外疫病流行严重,防控不力即可传入我国。口蹄疫 A 型和O 型 MYA98 毒株进入国内并造成大流行。病原在环境与机体免疫压力下,不断发生变异,出现新的变异株或血清型,导致疫病流行,甚至造成灾难性的后果。例如,口蹄疫病毒血清型的转变和抗原基因变异,使该病防控难度增加;羊痘和羊口疮病毒基因变异,使其抗原发生漂移,毒力增加,导致免疫防治效果变差。

五、细菌病危害加剧

集约化养殖规模的不断扩大,细菌性疾病明显增多。当前对我国养羊业危害最为严重的细菌性传染病有羊支原体肺炎(传染性胸膜肺炎)、链球菌病、梭菌病、羔羊痢疾和羊肠毒血症,其中最引人关注的是羊支原体肺炎,在饲养密集的规模化羊场发病率很高,死亡严重。

另外,临床滥用抗生素情况严重,导致耐药菌株普遍存在,使临床治疗效果不显著,损失巨大。滥用抗生素还可造成畜产品药物残留,产品质量下降,影响消费者健康。

六、多种病原混合感染增多、疫情复杂

在对发病动物的临床检测中,常发现多种病原混合感染的情

况,多种致病性病毒、细菌、寄生虫的混合感染已成常态,给诊断、预防和控制增加了难度,造成巨大的经济损失。

七、疫病流行的周期和空间发生变化

口蹄疫最早的流行周期是每 5~10 年 1 次,后来发展到每 3~5 年 1 次,再到每年流行 1 次,目前是常年散发,发病周期和间隔时间越来越短。规模化和集约化养殖使饲养密度变大,增加了疫病发生和流行的风险。频繁的贸易流通加大了疫病传播的速度与流行强度。旅游业的发展以及宠物的饲养量增加,加速了羊疫病特别是人兽共患病的传播。

八、外来疫病威胁日益严重

随着经济全球化进程的加快和进出口贸易的日益频繁,外来疫病如小反刍兽疫、痒病、梅迪-维斯纳病、山羊关节炎-脑炎、C 型和南非Ⅱ型口蹄疫对我国养羊业的威胁日益加重,传入国内的风险日益加大。西藏阿里地区 2007 年、2008 年和 2010 年出现 3 次小反刍兽疫疫情,自 2014 年农业部通报新疆、甘肃和内蒙古等多地发生小反刍兽疫疫情后,重庆、四川、湖北、浙江和山西等地区接连发生多起小反刍兽疫疫情,全国疫情防控形势严峻,提示我们对国外来病的防控工作必须给予足够的重视。

第三节　导致规模羊场
疾病发生的主要原因

一、饲料营养搭配不合理

受传统放牧模式的影响,多数人对舍饲养羊的生产模式、技术掌握不足,饲料营养搭配存在着各种不合理现象。例如,饲料单一,在饲喂过程中存在有什么就给羊饲喂什么的现象,造成营养不足,容易继发各种消化道病和代谢病。

又如,不添加预混料或添加不合理的预混料,造成微量元素不足或过量中毒等现象。

二、饲养密度大、羊只接触率高

随着养羊业集约化、现代化程度的提高,牧区已开始实行放牧加补饲的方法养殖羔羊,半牧区也已采取放牧与舍饲相结合的方式养羊,农区早就采用了以舍饲为主的养羊模式,养羊业呈现出饲养规模不断扩大、养殖密度逐渐增加的发展趋势,以致羊只接触率升高,进而易导致传染病的发生。

三、羊只流动性加大、胡乱引种

养羊户为了追求高效益,都希望选购繁殖性能优、生长速度快且生产性能高的良种羊,从而造成多途径选购种羊;加之部分养羊户隔离、检疫等意识淡薄,使不同区域、不同繁育体系间疾病的传播越来越多。

四、羊场规划设计不合理、羊舍卫生环境条件差

羊场的科学规划设计,是保证生产的前提条件。科学合理的羊场规划设计可以使建设投资较少、生产流程通畅、劳动效率提高、生产潜力得以发挥、生产成本降低。反之,不合理的规划设计将导致生产指标无法实现,羊场直接亏损、破产,也会增加防疫难度,导致疾病的发生。

五、消毒防疫不到位

很多规模化羊场没有根据当地疫情制订科学合理的免疫程序,虽然口蹄疫和三联四防疫苗的使用均采用国家推荐的程序,但

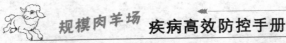

其他很多疫苗的免疫基本没有经专家认可的规范化免疫程序,全凭经验或感觉进行,使疫病免疫防控效果大打折扣。

六、专业技术人员缺乏

很多规模化羊场的兽医业务人员业务素质低,无法满足疫病防控需求,也有很多羊场没有专职的兽医人员,免疫、驱虫、疫病监测和检查由饲养员代替,这样难免会出现误诊、漏诊以及错误的操作等。

第四节 规模羊场疾病防控的基本原则与措施

依照"预防为主、防重于治"的原则,科学制订合理的免疫程序,并严格按照免疫程序做好免疫接种工作。通过疫苗接种,使机体产生免疫力,保证羊群不受病原微生物侵袭。同时,防止外来疾病的传入,提高羊群整体健康水平。另外,坚持自繁自养,尽量选购当地良种公羊和母羊进行繁殖,减少流通环节,降低疾病传播的概率。

一、健康饲养

选养健康的良种公羊和母羊,自行繁殖,可以提高羊的品质和生产性能,增强对疾病的抵抗力,并可减少入场检疫的工作量,防止因引入新羊而带来病原体。

肉羊舍饲后饲养密度提高,运动量减少,人工饲养管理程度提高,一些疾病会相对增多,如消化道疾病、呼吸道疾病、泌尿系统疾病、中毒病如真菌毒素中毒等,眼结膜炎、口疮、关节炎、乳房炎等相对多发。因此,科学管理,精心喂养,增强羊只抗病能力是预防羊病发生的重要措施。饲料种类力求多样化并合理搭配与调制,使其营养丰富全面。同时,要重视饲料和饮水卫生,不喂发霉变质、冰冻及被农药污染的草料,不饮污水,保持羊舍清洁、干燥,注意防寒保暖及防暑降温工作。

二、检疫制度

羊只从生产到出售,要经过出入场检疫、收购检疫、运输检疫和屠宰检疫。羊场或养羊专业户引进羊时,只能从非疫区购入,经当地兽医检疫部门检疫,并签发检疫合格证明书;运抵目的地后,再经本场或专业户所在地兽医验证、检疫并隔离观察1个月以上,确认为健康者,经驱虫、消毒,没有注射过疫苗的还要补注疫苗,方可混群饲养。羊场使用的饲料和用具,也要从安全地区购入,以防疫病传入。

三、免疫接种

免疫接种是激发羊体产生特异性抵抗力,使其对某种传染病从易感转化为不易感的一种手段,有组织有计划地进行免疫接种,是预防和控制羊传染病的重要措施。

首先应注意疫苗是否针对本地的疫病类型,要注意同类疫苗间型的差异,疫苗稀释后一定要摇匀,并注意剂量的准确性,使用前要注意疫苗是否在有效期内,在运输和保存疫苗过程中要保证低温,按照说明书采用正确方法免疫,如喷雾、口服、肌内注射等,必须按照要求进行,并且不能遗漏,在使用弱毒活疫苗时,不能同时使用抗生素,只有完全按照要求操作,才能使疫苗接种安全有效。

四、卫生消毒

羊舍、羊圈及用具应保持清洁、干燥,每天清除粪便及污物,堆积制成肥料。饲草保持清洁干燥、不发霉腐烂,饮水要清洁,清除羊舍周围的杂物、垃圾、填平死水坑,消灭鼠、蚊、蝇。

羊舍清扫后消毒,常用消毒药有 10％～20％石灰乳和 10％漂白粉混悬液。产房在产羔前消毒 1 次,产羔高峰时进行多次,产羔结束后再消毒 1 次。在病羊舍、隔离舍的出入口处应放置浸有消毒液的麻袋片或草垫;消毒液可用 2％～4％氢氧化钠(对病毒性疾病)或 10％克辽林溶液。

地面消毒可用含 2.5％有效氯的漂白粉混悬液、4％甲醛溶液或 10％氢氧化钠溶液。粪便消毒最实用的方法是生物热消毒法。污水消毒时将污水引入污水处理池,加入化学药品消毒。

五、药物预防

以安全而价廉的药物加入饲料和饮水中进行的群体药物预防。常用的药物有磺胺类药物、抗生素等。

六、定期驱虫

羊只驱虫往往是成群进行,在查明寄生虫种类的基础上,根据羊的发育状况、体质、季节特点用药。羊群驱虫应先搞小群试验,用新驱虫剂或新驱虫法更应如此,然后再大群推行。

七、预防中毒

野草是羊的良好天然饲料,但有些野草有毒,为了避免中毒,要调查有毒草的分布。要把饲料贮存在干燥、通风的地方,饲喂前要仔细检查,如果饲料发霉变质不应使用。有些饲料本身含有有毒物质,饲喂时必须加以调制。有些饲料如马铃薯若贮藏不当,其中的有毒物质会大量增加,对羊有害。

农药和化肥要放在仓库内,派专人保管。被污染的用具或容器应消毒处理后再用。其他有毒药品如灭鼠药等的运输、保管及使用也必须严格,以免羊接触发生中毒事故。喷洒过农药和施有化肥的农田排水,不应作为饮用水;工厂附近排出的水或池塘内的死水,也不宜让羊饮用。

八、疫病防治

对于传染病如羊痘、口蹄疫、羊肠毒血症、羊快疫、羊炭疽、羔羊痢疾、破伤风、痒螨、疥螨等要注意其免疫程序及驱虫时间。对于普通病的防治如肠炎、腹泻、乳房炎、肺炎、口腔炎、腐蹄病等,在诊断确诊的基础上,要对症治疗。选用其敏感性药物,以提高治疗效果,并经常更换,以免发生耐药性。对特殊病例治疗病症消除后,应维持用药 2~3 天,以巩固药效。

及时诊断、合理治疗。及时正确的诊断对于早期发现病畜,及早控制传染源,采取有效防疫措施,防止传染病的扩大传播有重要意义。治疗应在严格隔离的条件下进行,同时应在加强护理、增强机体本身防御能力的基础上采用对症和病因疗法相结合进行。

九、加强对有关法规的学习

《畜禽产品消毒规范》(GB/T 16569—1996)规定了畜禽产品一般的消毒技术。《畜禽病害肉尸及其产品无害化处理规程》(GB/T 16548—1996)规定了畜禽病害肉尸及其产品的销毁、化制、高温处理和化学处理的技术规范。在肉羊养殖的过程中要加强对这些法规的学习、掌握和应用,保证养羊场健康发展。

十、发生疫病羊场的防疫措施

第一,及时发现,快速诊断,立即上报疫情。确诊病羊,迅速隔离。如发现一类和二类传染病暴发或流行(如口蹄疫、痒病、蓝舌病、羊痘、炭疽等)应立即采取封锁等综合防疫措施。

第二,对易感羊群进行紧急免疫接种,及时注射相关疫苗和抗血清,并加强药物治疗、饲养管理及消毒管理,提高易感羊群抗病能力。对已发病的羊只,在严格隔离的条件下,及时采取合理的治疗,争取早日康复,减少经济损失。

第三,对污染的圈、舍、运动场及病羊接触的物品和用具都要进行彻底的消毒和焚烧处理。对病死羊和淘汰羊要严格按照传染病病羊尸体的卫生消毒方法,进行焚烧后深埋。

第二章　引种与羊病防控

羊的引种是根据生产目的引进合适的羊品种,引种关系着养羊成败的第一步,所以要做好充分的准备工作,避免不必要的损失。

第一节　引种技术

一、根据生产需要,确定引入品种

(一)结合当地气候环境和生产性能选择品种　在引入羊种之前,要明确本养殖场的主要生产方向,全面了解拟引进品种羊的生产性能,以确保引入羊种与生产方向一致。例如,长江以南地区适于饲养山羊,寒冷的北方地区则比较适于饲养绵羊,山区丘陵地区也较适于饲养山羊。有的地区也有相当数量的地方羊种,只是生产水平相对较低,这时引入的羊种应该以肉用性能为主,同时兼顾其他方面的生产性能。可以通过场家的生产记录、近期测定站公布的测定结果以及有关专家或权威机构的认可程度了解该羊种的生产性能,对其生长发育、生活力和繁殖力、产肉性能、饲料消耗、适应性等进行全面了解。

同时,要根据相应级别(品种场、育种场、原种场、商品生产场)选择良种。例如,有的地区引进纯系原种,其主要目的是为了改良地方品种,培育新品种、品系或利用杂交优势进行商品羊生产,也有的场家引进杂种代直接进行肉羊生产。

确保引进生产性能高而稳定的羊种。根据不同的生产目的,有选择性地引入生产性能高而稳定的品种,对各品种的生产特性进行正确比较。如从肉羊生产角度出发,既要考虑其生长速度、出栏时间和体重,尽可能高的增加肉羊生产效益,又要考虑其繁殖能力,有的时候还应考虑肉质,同时要求各种性状能保持稳定和统一。

(二)选择市场需求的品种 根据市场调研结果,引入能满足市场需要的羊种。不同的市场需要不同的品种,如有些地区的消费者喜欢购买山羊肉,有些地区的消费者则喜食绵羊肉,并且对肉质的需求也不尽相同。生产中要根据当地市场需求和产品的主要销售地区选择合适的羊种。

(三)根据养殖实力选择品种 要根据自己的财力,合理确定引羊数量,做到既有钱买羊,又有钱养羊。俗话说"兵马未动,粮草先行",准备购羊前要备足草料,修缮羊舍,配备必要的设施。刚步入该行业的养殖户不适合花太多钱引进国外品种,也不适合搞种羊培育工作。最好先从商品肉羊生产入手,因为种羊生产投入高、技术要求高,相对来说风险大,待到养殖经验丰富、资金积累成熟时再从事种羊养殖、制种推广。

花了大量的财力、物力引入的良种要物尽其用,各级单位要充分考虑到引入品种的经济效益、社会效益和生态效益,做好原种保存、制种繁殖和选育提高的育种计划。

二、合理选择引种地(场)

引羊时要注意引种地点和场家的选择,一般要到该品种的主产地去引种。首先可通过《国家种畜禽生产经营许可证管理系统》的网站确认是否有种羊供应资质,未被录入《国家种畜禽生产经营许可证管理系统》的羊场,均不具备供应种羊的资质。

引种时要主动与当地畜牧部门取得联系,获得专业的帮助。另外,引种前要先进行实地考察,对不同场家来源的种羊要进行对

· 16 ·

比,确定最终引种地(场家)。

三、做好引种准备

引种前要根据引入地饲养条件和引入品种生产要求做好充分准备。

第一,准备圈舍和饲养设备。圈舍、围栏、采食、饮水、卫生维护等基础设施要准备到位,饲养设备做好清洗、消毒,同时备足饲料和常用药物。如果两地气候差异较大,则要充分做好防寒保暖工作,减小环境应激,使引入品种能逐渐适应气候的变化。

第二,培训饲养和技术人员。技术人员要能够做到熟悉不同生理阶段种羊的饲养技术,具备对常见问题的观察、分析和解决能力,能够做到指导和管理饲养人员,对羊群的突发事件能够及时采取相应措施。

四、引种流程

(一)种羊选择　选种要在对羊只进行体型外貌和生理特点鉴定的基础上进行。羊的鉴定有个体鉴定和等级鉴定 2 种,都要按鉴定项目和等级标准准确地进行等级评定。个体鉴定要按项目进行逐项记载,等级鉴定则不做具体的个体记录,只写等级编号。

需要进行个体鉴定的羊包括特级、一级公羊和其他各级种用公羊,准备出售的成年公羊和公羔,特级母羊和指定做后裔测验的母羊及其羔羊。除进行个体鉴定的羊只以外都要做等级鉴定。

羊的鉴定一般在体型外貌、生产性能达到充分表现,且有可能做出正确判断的时候进行。公羊一般在成年后,母羊在第一次产羔后对生产性能予以测定。为了培育优良羔羊,对初生、断奶、6月龄、周岁的时候都要进行鉴定,裘皮型的羔羊,在羔皮和裘皮品质最好时进行鉴定。后代的品质也要进行鉴定,主要通过各项生产性能测定来进行。对后代品质的鉴定,是选种的重要依据。凡是不符合要求的及时淘汰,合乎标准的作为种用。除了对个体鉴定和后裔测验之外,对种羊和后裔适应性、抗病力等方面也要进行考察。

1. 个体鉴定方法 个体鉴定首先要确定羊只的健康情况,健康是生产的最重要基础。健康无病的羊只一般活泼、好动,肢势端正,乳房形态、功能良好,体况良好,不过肥也不过瘦,精神饱满,食欲良好,不离群独居。有红眼病、腐蹄病、瘸腿的羊只,都不宜作为种用。

在健康的基础上进行羊的外貌鉴定,体型外貌应符合品种标准,无明显失格。

(1)嘴型 正常的羊嘴上颌和下颌对齐。上、下颌轻度对合不良问题不大,但比较严重时就会影响正常采食。要确定羊上、下颌齐合情况,宜从侧面观察。若下颌或上颌突出,则属于遗传缺陷。下颌短者,俗称鹦鹉嘴。上颌短者,俗称猴子嘴。羊的嘴型见图 2-1。

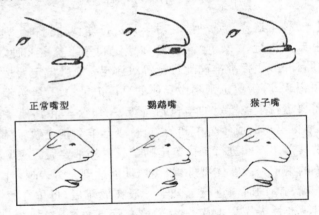

图 2-1 羊的嘴型

(2)牙齿 羊的牙齿状况依赖于它的饲料及其生活的土壤环

境。采食粗饲料多的羊只牙齿磨损较快（图 2-2）。在咀嚼功能方面，臼齿较切齿更重要，它们主要负责磨碎食物。要评价羊的牙齿磨损情况，需要进行检查，但不要直接将手指伸进羊口中，容易被咬伤。臼齿有问题的羊多伴有呼吸急促。有牙病者不宜留种。

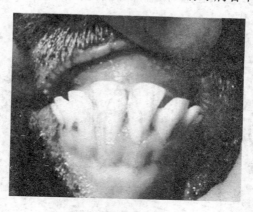

图 2-2 羊的牙齿

（3）蹄部和腿部 健康的羊只，应肢势端正，球节和膝关节坚实，角度合适。肩胛部、髋骨、球节倾角适宜，一般应为 45°左右，不能太直，也不能过分倾斜。蹄腿部稍不正常一般不影响生活力和生产性能，但失格比较严重的往往生活力较差。蹄甲过长、畸形、开裂者或蹄甲张开过度的羊只均不宜留种（图 2-3，图 2-4）。

（4）体型和体格 不同用途的羊体型应符合主生产力方向的要求，如肉羊体型应呈细致疏松形，乳用羊体型为细致紧凑型，而毛用羊体型则为细致疏松形。各种用途的羊的体格都要求骨骼坚实，各部连接良好，躯体大。个体过小者应被淘汰。公羊应外表健壮，雄性十足，肌肉丰满。母羊一般体质细腻，头清秀细长，身体各部角度线条比较清晰（图 2-5）。

（5）乳房 乳房发育不良的母羊没有种用价值。母羊乳房大小因年龄和生理状态不同而异。应触诊乳房，确定是否健康无病和功能正常。若乳房坚硬或有肿块者，应及时淘汰。乳房应有2个功能性的乳头，乳头应无失格。乳房下垂、乳头过大者都不宜留种（图2-6）。此外，还应对公羊的乳头进行检查，公羊也应有2个发育适度的乳头。

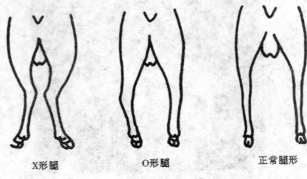

X形腿　　　　　　O形腿　　　　　　正常腿形

图2-3　羊的腿部

图2-4　羊的蹄部畸形

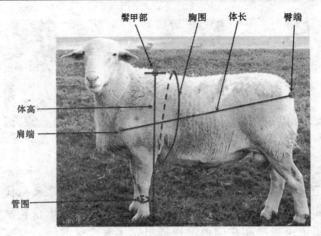

图 2-5 羊的体尺指标

图 2-6 羊的乳房

（6）睾丸 公羊睾丸的检查需要触诊。正常睾丸应是质地坚实，大小均衡，在阴囊中移动比较灵活。若有硬块，有可能患有睾丸炎或附睾炎。若睾丸质地正常，但睾丸和阴囊周径较小，也不宜留种。阴囊周径随品种、体况、季节变化，青年公羊的阴囊周长一般应在 30 厘米以上，成年公羊的应在 32 厘米以上（图 2-7）。

2. 根据系谱资料进行选择 这种选择方法适用于尚无生产

图 2-7　羊的睾丸

性能记录的羔羊、育成羊或后备种羊,根据它们双亲和祖代的记录成绩和遗传结果进行选择。系谱选择主要是通过比较其祖先的生产性能记录来推测它们稳定遗传祖先优秀性状的能力。据遗传原理可知,血缘关系越近的祖先对后代的影响越大,所以选种时最重要的参考资料是父母的生产记录,其次是祖代的记录。系谱选择对于低遗传力性状如繁殖性状的选择效果较好。

系谱审查要求有详细记载,因此凡是自繁的种羊应做详细的记载,购买种羊时要向出售单位和个人索取卡片资料,在缺少记载的情况下,只能根据羊的个体鉴定作为选种的依据,无法进行血缘的审查。

3. 根据本身成绩进行选择　本身成绩是羊生产性能在一定饲养管理条件下的现实表现,它反映了羊自身已经达到的生产水平,是种羊选择的重要依据。这种选择法对遗传力高的性状(如肉用性能)选择效果较好,因为这类性状稳定遗传的可能性大,只要选择了好的亲本就容易获得好的后代。

(1)根据本身成绩选择公羊　公羊对群体生产性能改良作用巨大,选择优秀公羊可以改善每只羔羊的生产性能,加快群体重要经济性状的遗传进展。在一般中、小型羊场,80%~90%的遗传进展是通过选择公羊得到的,其余 10%~20%通过选择母羊而得。

小型羊场一般都需要从外面购买公羊,这时要特别重视公羊的质量。

在使用多只公羊的群体内,可用羔羊断奶重和断奶重比率来进行公羊种用价值的评定。在评估公羊生产性能时,需要考虑公羊和母羊的比率,将母羊羔羊窝重调整为公羊羔羊窝重(表2-1)。

表2-1　公羊生产性能评估

公羊号	羔羊数目(只)	矫正羔羊90日龄断奶重(千克)	羔羊断奶重比率(%)

注:矫正羔羊90日龄断奶重=(断奶重÷断奶日龄)×90。

羔羊断奶重比率=(某羔羊90日龄断奶重÷羔羊群体平均90日龄断奶重)×100。

(2)根据本身成绩选择母羊　对于每只母羊,可用实际断奶重或矫正90日龄断奶重进行评价。也可以计算母羊生产率评价。

母羊生产效率=(每年羔羊断奶窝重÷断奶时母羊体重)×100

从上面公式可见,母羊生产效率在50%～100%。生产效率越高,则饲料转化率越高,利润越大。

4. 根据同胞成绩进行选择　可根据全同胞和半同胞2种成绩进行选择。同父同母的后代个体间互称全同胞,同父异母或同母异父的后代个体间互称半同胞。它们之间有共同的祖先,在遗传上有一定的相似性,它能对种羊本身不表现性状的生产优势做出判断。这种选择方法适合限性性状或活体难度量性状的选择,如种公羊的产羔潜力和产乳潜力就只能用同胞、半同胞母羊的产羔或产乳成绩来选择,种羊的屠宰性能则以屠宰的同胞、半同胞的实测成绩来选择。

5. 根据后裔成绩进行选择　根据系谱、本身记录和同胞成绩选择可以确定选择种羊个体的生产性能,但它的生产性能是否能真实稳定地遗传给后代,就要根据其所产后代(后裔)的成绩进行评定,这样就能比较正确地选出优秀种羊个体。但是这种选择方法经历的时间长,耗费的人力、物力多,一般只有非常重要的选种工作才会开展后裔测定,如通过近交建系法建立优秀家系则可以采用此法。

公羊后裔测定的基本方法是:使公羊与相同数量、生产性能相似的母羊进行交配。然后记录母羊号、母羊年龄、产羔数、羔羊初生重、断奶日龄等信息,计算矫正 90 日龄断奶重、断奶重比率等指标,然后进行比较。在产羔数相近的情况下,以断奶重和断奶重比率为主比较公羊的优劣。

6. 根据综合记录资料进行选择 反映种羊生产性能的有多个性状,每个性状的选择可靠性对不同的记录资料有一定差异。对成年种羊来说其亲本、后代、自身等均有生产性能记录资料,就可以根据不同性状与这些资料的相关性大小,上、下代成绩表现进行综合选择,以选留更好的种羊。

(二)运 输

1. 运输前的准备 运输前禁食 12 小时,备好抗应激药物,装羊前车辆充分消毒(图 2-8)。

2. 装车和运输 装车前先将羊群赶上装羊台(图 2-9),装车时一般先装车的最上层,依次往下装,防止装羊时对羊造成伤害。一般车装 3 层,可装 100 多只;中、大加长挂车可装 4~5 层,可装 1 000 只以上(图 2-10)。

3. 卸羊 羊在卸车时和装车时顺序相同,先卸最上层羊只,逐层往下(图 2-11)。卸羊时尽量轻抓,防止羊四肢被卡住,导致受伤。

图 2-8　运羊车消毒

图 2-9　装车前将羊赶上装羊台

图 2-10　装车过程

2-11　卸　羊

第二节　引种造成羊病发生的原因

一、直接引入传染病

　　引种会导致将一些传染病直接引入,常见的有布鲁氏菌病、羊口疮(羊传染性脓疱皮炎)、羊痘、口蹄疫、小反刍兽疫、羊肺腺瘤、传染性胸膜肺炎等。病毒和细菌在体内往往有一定的潜伏期,在潜伏期并不发病,在引入后会出现发病。

二、造成羊免疫力下降

在引种过程中,会出现不同程度的应激反应,导致抗病力下降,自身免疫功能降低,导致继发各种疾病。

主要临床特征有精神不振或沉郁,运动协调障碍,被毛粗乱,消化功能紊乱,食欲下降或废绝,反刍次数减少或停止,嗳气障碍,出现腹泻或便秘等消化不良现象。生产性能下降,生长速度缓慢,饲料转化率降低。另外,由于环境条件、饲养方式、管理水平的变化,造成对疾病的抵抗力下降,引发较多的应激性疾病,容易继发或混合感染其他疾病,如不及时诊断治疗,可导致病情复杂引起死亡。

第三节　减少引种疫病发生的措施

一、做到引种程序规范,技术资料齐全

第一,签订正规引种合同,引种时一定要与供种场家签订引种合同,内容应注明品种、性别、数量、生产性能指标,售后服务项目及责任、违约索赔事宜等。

第二,索要相关技术资料,不同羊种、不同生理阶段的羊生产性能、营养需求、饲养管理技术手段都会有差异,因此引种时向供种方索要相关生产技术材料有利于生产中参考。

第三,了解种羊的免疫情况,不同场家种羊免疫程序和免疫种类有可能有差异,因此必须了解供种场家已经对种羊做过何种免疫,避免引种后重复免疫或者漏免造成不必要的损失。

二、保证引进健康、适龄种羊

羊只的挑选是引种的关键,因此到现场参与引羊的人,最好是有养羊经验的人,能够准确把握羊的外貌鉴定,能够挑选出品质优良的个体,会看羊的年龄,了解羊的品质。到种羊场去引羊,首先要了解该羊场是否有畜牧部门签发的《种畜禽生产许可证》《种羊合格证》及《系谱耳号登记》,三者是否齐全。

若到主产地农户收购,应主动与当地畜牧部门联系,也可委托畜牧部门办理,让他们把好质量关口。挑选时,要看羊的外貌特征是否符合品种标准,公羊要选择 1~2 岁,手摸睾丸富有弹性,注意不购买单睾羊,手摸有痛感的多患有睾丸炎。膘情中上等,不要过肥或过瘦。

母羊多选择 6 月龄左右,这些羊基本没有参加配种,繁殖疾病较少,繁殖传染病同样较少。6 月龄母羊在引入后 2 个月基本进入配种期,也适应了当地的气候环境,度过了应激期。

三、确定适宜的引羊时间

引羊最适宜的季节为春、秋两季,因为这两个季节气温不高,也不太冷,冬季在华南、华中地区也能进行,但要注意保温设备。引羊最忌在夏季,6~9 月份天气炎热、多雨,不利于远距离运羊。如果引羊距离较近,不超过 1 天时间,可不考虑引羊的季节。如果引进地方良种羊,这些羊大都集中在农民手中,所以要尽量避开"夏收"和"三秋"农忙时节,这时大部分农户顾不上卖羊,选择面窄,难以引进好羊。

四、尽量减少运输应激

羊只装车不要太拥挤,夏天要适当少装些,汽车运输时要匀速行驶,避免急刹车,一般每隔 1 小时左右要停车检查 1 次,及时拉起趴下的羊,防止踩压,特别是山地运输时更要小心。

五、严格检疫,做好隔离饲养

引种时必须严格按照国家法规规定的检疫要求,认真检疫,办齐一切检疫手续。严禁进入疫区引种。引入品种必须单独隔离饲养,一般种羊引进需隔离饲养观察 2 周,重大引种则需要隔离观察 1 个月,经观察确认无病后方可入场。有条件的羊场可对引入品种及时进行重要疫病的检测。

六、注意加强饲养管理和适应性锻炼

引种第一年是关键性的一年,应加强饲养管理,做好引入种羊的接运工作,并根据原来的饲养习惯,创造良好的饲养管理条件,选用适宜的日粮类型和饲养方法。在迁运过程中为防止水土不服,应携带原产地饲料供途中或到达目的地时使用。根据引进种羊对环境的要求,采取必要的降温或防寒措施。

第三章 羊场建设与羊病防控

羊场的科学规划设计和合理的羊舍结构是提高羊生产性能，减少疫病发生的保障。科学合理的羊场不但可以使建设投资较少、生产流程通畅、劳动效率最高、生产潜力得以发挥、生产成本较低，而且还能有效地控制疫病的发生和传播。

第一节 场址的选择和布局

一、场址的选择

羊场场址的选择是养羊的重要环节，也是养羊成败的关键，无论是新建羊场，还是在现有设施的基础上进行改建或扩建，选址时都必须综合考虑自然环境、社会经济状况、羊群的生理和行为需求、卫生防疫条件、生产流通及组织管理等各种因素，科学和因地制宜地处理好相互之间的关系。

因此，羊场场址的选择要从羊的生理特点着手，结合当地环境、资源等基础条件，为羊创造一个最佳的生活环境。在《农产品安全质量 无公害畜禽肉产地环境要求》(GB/T 18407.3—2001)和《无公害食品 肉羊饲养管理准则》(NY/T 5151—2002)所要求的基础上进行合理选择。

(一)地形地势 地形是指场地的形状、范围以及地物，包括山岭、河流、道路、草地、树林、居民点等的相对平面位置状况；地势是指场地的高低起伏状况。羊场的场地应选在地势较高、干燥平坦、排水良好和向阳背风的地方。

平原地区一般场地比较平坦、开阔，场址应注意选择在较周围地段稍高的地方，以利排水。地下水位要低，以低于建筑物地基深度 0.5 米以下为宜。

靠近河流、湖泊的地区，场地要选择在较高的地方，应比当地水文资料中最高水位高 1～2 米，以防涨水时被水淹没。

山区建场应尽量选择在背风向阳、面积较大的缓坡地带。应选在稍平缓坡上，坡面向阳，总坡度不超过 25%，建筑区坡度应在 2.5% 以内。坡度过大，不但在施工中需要大量填挖土方，增加工程投资，而且在建成投产后还会给场内运输和管理工作造成不便。山区建场还要注意地质构造情况，避开断层、滑坡、塌方的地段，也要避开坡底和谷地以及风口，以免受山洪和暴风雪的袭击。

羊有喜干燥、厌潮湿的生活习性，如长期生活在低洼潮湿环境中，不但影响生产性能的发挥，而且容易引发寄生虫病等一些疾病。所以，切忌将羊场建在低洼地、山谷、朝阴、冬季风口等处。土质黏性过重，透气、透水性差，不易排水的地方，也不适宜建场。地下水位应在 2 米以下，土质以沙壤土为好，且舍外运动场具有 5°～10° 的小坡度。这样，既有利于防洪排涝，又不至于发生断层、陷落、滑坡或塌方，地形比较平坦，土层透水性好。

(二)饲草、饲料来源　饲草、饲料是羊赖以生存的最基本条件，在以放牧为主的牧场，必须有足够的牧地和草场。以舍饲为主的农区、垦区和较集中的肉羊肥育产区，必须有足够的饲草、饲料基地或便利的饲料原料来源。羊场周围及附近饲草，特别是像花生秧、甘薯秧、大蒜秆、大豆秸等优质农副秸秆资源必须丰富。建羊场要考虑有稳定的饲料供给，如放牧地、饲料生产基地、打草场等。

因此，对以舍饲为主的羊场，必须有足够的饲草、饲料基地和便利的饲料原料来源；对以放牧为主的羊场，必须有足够的牧地和草场。切忌在草料缺乏或附近无牧地的地方建立羊场。

（三）水、电资源 水资源应符合《无公害食品 畜禽饮用水水质标准》（NY 5027—2001）。具有清洁而充足的水源，是建羊场必须考虑的基本条件。羊场要求四季供水充足，取用方便，最好使用自来水、泉水、井水和流动的河水，并且水质良好，水中大肠杆菌数、固形物总量、硝酸盐和亚硝酸盐的总含量应低于规定指标。

水源水质关系着生产和生活用水与建筑施工用水，要给以足够的重视。首先要了解水源的情况，如地面水（河流、湖泊）的流量，汛期水位；地下水的初见水位和最高水位，含水层的层次、厚度和流向。对水质情况需了解酸碱度、硬度、透明度，有无污染源和有害化学物质等，并应提取水样做水质的物理、化学和生物污染等方面的检验分析。了解水源水质状况是为了便于计算拟建场地地段范围内的水的资源和供水能力能否满足羊场生产、生活、消防用水要求。

在仅有地下水源地区建场，第一步应先打一眼井。如果打井时出现任何意外，如流速慢、泥沙或水质问题，最好另选场址，这样可减少损失。对羊场而言，建立自己的水源，确保供水是十分必要的。此外，水源和水质与建筑工程施工用水也有关系，主要与砂浆和钢筋混凝土搅拌用水的质量要求有关。水中的有机质在混凝土凝固过程中发生化学反应，会降低混凝土的强度，锈蚀钢筋，形成对钢混结构的破坏。

如羊场附近有排污水的工厂，应将羊场建于其上游。切忌在严重缺水或水源严重污染的地方建立羊场。尽量要求有水、电或水、电问题较易解决，不会造成社会公用水源的污染，土地开发利用价值低的地方。

羊场内生产和生活用电都要求有可靠的供电条件。因此，需了解供电源的位置，与羊场的距离，最大供电允许量，是否经常停电，有无可能双路供电等。通常，建设羊场要求有Ⅱ级供电电源。在Ⅲ级以下供电电源时，则需自备发电机，以保证场内供电的稳定可靠。为减少供电投资,应尽可能靠近输电线路,以缩短新线路敷设距离。

(四)交通 羊场要求建在交通便利的地方,便于饲草和羊只的运输。羊场应交通方便而又不紧邻交通要道,距离公路、铁路交通要道远近适宜,同时考虑交通运输的便利和防疫两方面的因素。要与村落保持 150 米以上的距离,并尽量处在村落下风和低于农舍、水井的地方。但为了防疫的需要,羊场应距离村镇不少于 500米,距交通干线 1 000 米、一般道路 500 米以上。同时,应考虑能提供充足的能源和方便的电讯条件,特别是电力供应要正常,这是现代养羊生产对外交流、合作的必备条件,也便于商品流通。应根据国家畜牧业发展规划和各地畜禽品种发展区划,将羊场选在适合当地主要发展品种的中心。

(五)防疫 在羊场场地及周围地区必须为无疫病区,放牧地和打草场均未被污染。羊场周围的畜群和居民宜少,应尽量避开附近单位的羊群转场通道,以便在一旦发生疫病时容易隔离、封锁。选址时要充分了解当地和周围的疫情状况,切忌将养羊场建在羊传染病和寄生虫病流行的疫区,也不能将羊场建于化工厂、屠宰场、制革厂等易造成环境污染的企业的下风向。同时,羊场也不能污染周围环境,应处于居民点的下风向。

(六)环境生态 遵循国家《恶臭污染物排放标准》(GB 14554—1993)和《畜禽场环境质量标准》(NY/T 388—1999)。了解国家对于养羊生产的相关政策、地方生产发展方向和资源利用等。在开始建设以前,应获得市政、建设、环保等有关部门的批准,此外还必须取得相应的施工许可证。

选择场址必须符合本地区农牧业生产发展总体规划、土地利用发展规划和城乡建设发展规划的用地要求。必须遵守十分珍惜和合理利用土地的原则,不得占用基本农田,尽量利用荒地和劣地建场。大型羊企业分期建设时,场址选择应一次完成,分期征地。

近期工程应集中布置,征用土地满足本期工程所需面积。远期工程可预留用地,随建随征。以下地区或地段的土地不宜征用:①规定的自然保护区、生活饮用水水源保护区、风景旅游区;②受洪水或山洪威胁及有泥石流、滑坡等自然灾害多发地带;③自然环境污染严重的地区。

二、羊场的布局

羊场的功能分区是否合理,各区建筑物布局是否得当,不但影响基建投资、经营管理、生产组织、劳动生产率和经济效益,而且影响场区的环境状况和防疫卫生。因此,应认真做好羊场的分区规划,确定场区各种建筑物的合理布局。

(一)羊场的功能分区 羊场通常分为生活管理区、辅助生产区、生产区和隔离区。生活管理区和辅助生产区应位于场区常年主导风向的上风处和地势较高处,隔离区位于场区常年主导风向的下风处和地势较低处(图 3-1)。

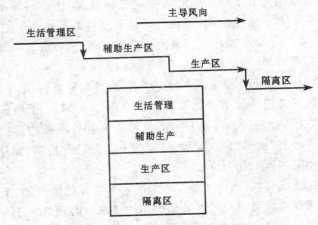

图 3-1 按地势、风向的分区规划示意

（二）羊场的规划布置

1. 生活管理区　主要包括管理人员办公室、技术人员业务用房、接待室、会议室、技术资料室、检验室、食堂、职工值班宿舍、厕所、传达室、警卫值班室以及围墙和大门，外来人员第一次更衣消毒室和车辆消毒设施等。

对生活管理区的具体规划因羊场规模而定。生活管理区一般应位于场区全年主导风向的上风处或侧风处，并且应在紧邻场区大门内侧集中布置。羊场大门应位于场区主干道与场外道路连接处，设施布置应使外来人员或车辆经过强制性消毒，并经门卫放行才能进场。

生活管理区应和生产区严格分开，与生产区之间有一定缓冲地带，生产区入口处设置第二次人员更衣消毒室和车辆消毒设施。

2. 辅助生产区　主要是供水、供电、供热、设备维修、物资仓库、饲料贮存等设施，这些设施应靠近生产区的负荷中心布置，与生活管理区没有严格的界限要求。对于饲料仓库，则要求仓库的卸料口开在辅助生产区内，仓库的取料口开在生产区内，杜绝外来车辆进入生产区，保证生产区内外运料车互不交叉使用。

3. 生产区　主要布置不同类型的羊舍、剪毛间、采精室、人工授精室、装羊台、选种展示厅等建筑。这些设施都应设置 2 个出入口，分别与生活管理区和生产区相通。

4. 隔离区　隔离区内主要是兽医室、隔离羊舍、尸体解剖室、病尸高压灭菌或焚烧处理设备及粪便和污水贮存与处理设施。隔离区应位于全场常年主导风向的下风处和全场场区最低处，与生产区的间距应满足兽医卫生防疫要求。绿化隔离带、隔离区内部的粪便污水处理设施和其他设施也要有适当的卫生防疫间距。隔离区内的粪便污水处理设施与生产区有专用道路相连，与场区外有专用大门和道路相通。

第二节 羊舍的建设

　　羊舍是羊只生活的主要环境之一,羊舍的建设是否利于羊生产的需要,在一定程度上成为养羊成败的关键。羊舍的规划建设必须结合不同地域和气候环境进行。

一、羊舍建设的基本要求

　　第一,要结合当地气候环境,南方地区由于天气较热,羊舍建设主要以防暑降温为主;而北方地区则以保温防寒为主;第二,尽量使建设成本降低,经济实用;第三,创造有利于羊的生产环境;第四,圈舍的结构要有利于防疫;第五,保证人员出入、饲喂羊群、清扫栏圈方便;第六,舍内光线充足、空气流通,使羊群居住舒适。同时,主要圈舍应选择南北朝向,后备羊舍、产羔舍、羔羊舍要合理布局,而且要留有一定间距(图 3-2,图 3-3)。

图 3-2　开放式羊舍

　　(一)地点要求　根据羊的生物学特性,应选地势高燥、排水良

图 3-3　封闭式羊舍

好、背风向阳、通风干燥、水源充足、环境安静、交通便利、方便防疫的地点建造羊舍。山区或丘陵地区可建在靠山向阳坡,但坡度不宜过大,南面应有广阔的运动场。低注、潮湿的地方容易发生腐蹄病和滋生各种微生物病,诱发各种疾病,不利于羊的健康,不适合羊舍建设。羊舍应接近放牧地及水源,要根据羊群的分布而适当布局。羊舍要充分利用冬季阳光采暖,朝向一般为坐北朝南,位于办公室和住房的下风向,屋角对着冬、春季的主导风向。用于冬季产羔的羊舍,要选择背山、避风、冬春季容易保温的地方。

(二)**面积要求**　各类羊只所需羊舍面积,取决于羊的品种、性别、年龄、生理状态、数量、气候条件和饲养方式,一般以冬季防寒、夏季防暑、防潮、通风和便于管理为原则。

羊舍应有足够的面积,使羊在舍内不感到拥挤,可以自由活动。羊舍面积过大,既浪费土地,又浪费建筑材料;面积过小,舍内拥挤潮湿、空气污染严重,有碍于羊体健康,管理不便,生产效率不高。

各类羊只羊舍所需面积,见表 3-1。

表 3-1   各类羊舍所需面积

羊　别	面积（米²/只）	羊　别	面积（米²/只）
单饲公羊	4～6	育成母羊	0.7～0.8
群饲公羊	1.5～2	去势羔羊	0.6～0.8
春季产羔母羊	1.2～1.4	3～4月龄羔羊	0.3～0.4
冬季产羔母羊	1.6～2	肥育羯羊、淘汰羊	0.7～0.8
育成公羊	1～1.5		

农区多为传统的公、母、大、小混群饲养,其平均占地面积应为 0.8～1.2 米²。产羔舍可按基础母羊数的 20%～25% 计算面积。运动场面积一般为羊舍面积的 2～2.5 倍。成年羊运动场面积可按 4 米²/只计算。

在产羔舍内附设产房,产房内有取暖设备,必要时可以加温,使产房保持一定的温度。产房面积根据母羊群的大小决定,在冬季产羔的情况下,一般可占羊舍面积的 25% 左右。

(三)高度要求   羊舍高度要依据羊群大小、羊舍类型及当地气候特点而定。羊数越多,羊舍可越高些,以保证足量的空气。但过高则保温不良,建筑费用也高,一般高度为 2.5 米,双坡式羊舍净高(地面至天棚的高度)不低于 2 米。单坡式羊舍前墙高度不低于 2.5 米,后墙高度不低于 1.8 米。南方地区的羊舍防暑防潮重于防寒,羊舍高度应适当增加(图 3-4)。

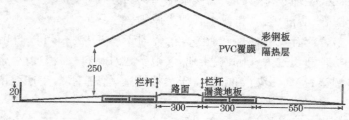

图 3-4   羊舍剖面示意   (单位:厘米)

(四)通风、采光要求 一般羊舍冬季温度保持在0℃以上,羔羊舍温度不超过8℃,产羔舍温度在8℃～10℃比较适宜。由于绵羊有厚而密的被毛,抗寒能力较强,所以舍内温度不应过高。山羊舍内温度应高于绵羊舍内温度。为了保持羊舍干燥和空气新鲜,必须有良好的通气设备。羊舍的通气装置,既要保证有足够的新鲜空气,又要避开贼风。可以在屋顶上设通气孔,孔上有活门,必要时可以关闭。在安设通气装置时要考虑每只羊每小时需要3～4米³的新鲜空气,对南方地区羊舍夏季的通风要特别注意,以降低舍内的高温。

羊舍内应有足够的光线,以保证舍内卫生。窗户面积一般占地面面积的1/15,冬季阳光可以照射到室内,既能消毒又能增加室内温度;夏季敞开,增大通风面积,降低室温。在农区,绵羊舍主要注重通风,山羊舍要兼顾保温。

(五)造价要求 羊舍的建筑材料以就地取材、经济耐用为原则,土坯、石头、砖瓦、木材、芦苇、树枝等都可以作为建筑材料。在有条件的地区及重点羊场内应利用砖、石、水泥、木材等修建一些坚固的永久性羊舍,这样可以减少维修的劳力和费用。

(六)舍内外高差 羊舍内地面标高应高于舍外地面标高0.2～0.4米,并与场区道路标高相协调。场区道路设计标高应略高于场外路面标高。场区地面标高除应防止场地被淹外,还应与场外标高相协调。场区地形复杂或坡度较大时,应做台阶式布置,每个台阶高度应能满足行车的坡度要求。

二、羊舍类型

羊舍形式按其封闭程度可分为开放舍、半开放舍和密闭舍。从屋顶结构来分,有单坡式、双坡式及圆拱式。从平面结构来分,有长方形、正方形及半圆形。从建筑用材来分,有砖木结构、土木结构及敞篷围栏结构等。

单坡式羊舍跨度小,自然采光好,适用于小规模羊群和简易羊舍选用;双坡式羊舍跨度大,保暖能力强,但自然采光、通风差,适合于寒冷地区采用,是最常用的一种类型。在寒冷地区,还可选用拱式、双折式、平屋顶等类型;天气炎热地区可选用钟楼式羊舍。

在选择羊舍类型时,应根据不同类型羊舍的特点,结合当地的气候特点、经济状况及建筑习惯全面考虑,选择适合本地、本场实际情况的羊舍形式。

三、羊舍的布局

羊舍修建宜坐北朝南,东西走向。羊场布局以产房为中心,周围依次为羔羊舍、青年羊舍、母羊舍与带仔母羊舍。公羊舍建在母羊舍与青年母羊舍之间,羊舍与羊舍之间的间距保持 15 米,中间种植树木或草。隔离病房建在远离其他羊舍地势较低的下风向。羊场内的清洁通道与排污通道分设。办公区与生产区隔开,其他设施则以方便防疫、方便操作为宜。

(一)羊舍的排列

1. 单列式 单列式布置使场区的净、污道路分工明确,但会使道路和工程管线线路过长。此种布局是小规模羊场和因场地狭窄限制的一种布置方式,地面宽度足够的大型羊场不宜采用(图3-5)。

2. 双列式 双列式布置是羊场最经常使用的布置方式,其优点是既能保证场区净、污道路分流明确,又能缩短道路和工程管线的长度(图 3-6)。

3. 多列式 多列式布置在一些大型羊场使用,此种布置方式应重点解决场区道路的净、污分道,避免因线路交叉而引起互相污染(图 3-7)。

(二)羊舍朝向 羊舍朝向的选择与当地的地理纬度、地段环境、局部气候特征及建筑用地条件等因素有关。适宜的朝向一方面

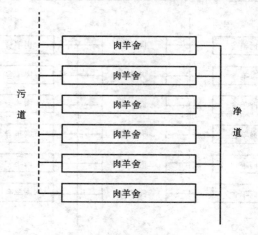

图 3-5　单列式羊舍示意

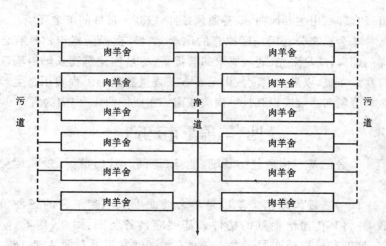

图 3-6　双列式羊舍示意

可以合理地利用太阳辐射能,避免夏季过多的热量进入舍内,而冬季则最大限度地允许太阳辐射能进入舍内以提高舍温;另一方面,

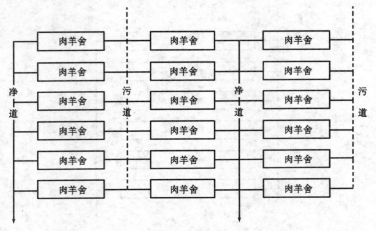

图 3-7 多列式羊舍示意

可以合理利用主导风向,改善通风条件,以获得良好的羊舍环境。

羊舍要充分利用场区原有的地形、地势,在保证建筑物具有合理的朝向,满足采光、通风要求的前提下,尽量使建筑物长轴沿场区等高线布置,以最大限度减少土石方工程量和基础工程费用。生产区羊舍朝向一般应以其长轴南向或南偏东或偏西 40°以内为宜。

四、羊舍基本构造

羊舍的基本构造包括基础、地基、地面、墙、门窗、屋顶和运动场。

(一)基础和地基　基础是羊舍地面以下承受羊舍的各种负载,并将其传递给地基的构件。基础应具备坚固、耐久、防潮、防震、抗冻和抗机械作用能力。在北方地区通常用毛石做基础,埋在冻土层以下,埋深厚度 30～40 厘米,防潮层应设在地面以下 60 厘米处。

地基是基础下面承受负载的土层,有天然地基和人工地基之分。天然地基的土层应具备一定的厚度和足够的承重能力,沙砾、碎石及不易受地下水冲刷的沙质土层是良好的天然地基。

(二)地面　地面是羊躺卧休息、排泄和生产的地方,是羊舍建筑中的重要组成部分,对羊只的健康有直接的影响。通常情况下羊舍地面要高出舍外地面20厘米以上。由于我国南方和北方地区气候差异很大,地面的选材必须因地制宜就地取材。羊舍地面有以下几种类型。

1. 土质地面属于暖地面(软地面)类型　土质地面柔软,富有弹性也不光滑,易于保温,造价低廉。缺点是不够坚固,容易出现小坑,不便于清扫消毒,易形成潮湿的环境,只能在干燥地区采用。使用土质地面时,可混入石灰增强黄土的黏固性,粉状石灰和松散的粉土按3∶7或4∶6的体积比加适量水拌和而成灰土地面。也可用石灰∶黏土∶碎石、碎砖或矿渣=1∶2∶4或1∶3∶6拌制成三合土。一般石灰用量为石灰土总重的6%~12%,石灰含量越大,强度和耐水性越高。

2. 砖砌地面属于冷地面(硬地面)类型　砖的孔隙较多,导热性小,具有一定的保温性能。成年母羊舍粪、尿相混的污水较多,容易造成不良环境,又由于砖砌地面易吸收大量水分,破坏其本身的导热性,地面易变冷、变硬。砖地吸水后,经冻易破碎,加上本身易磨损的特点,容易形成坑穴,不便于清扫消毒,所以用砖砌地面时,砖宜立砌,不宜平铺。

3. 水泥地面属于硬地面　其优点是结实、不透水、便于清扫消毒。缺点是造价高,地面太硬,导热性强,保温性差。为防止地面湿滑,可将表面做成麻面。水泥地面的羊舍内最好设木床,供羊休息、宿卧。

4. 漏缝地板　漏缝地面能给羊提供干燥的卧地,集约化羊场和种羊场可用漏缝地板。国外典型漏缝地面羊舍,为封闭双坡式,跨度为6米,地面漏缝木条宽50毫米,厚25毫米,缝隙宽22毫米。双列饲槽通道宽 50 厘米,可为产羔母羊提供相当适宜的环境条件。我国有些地区采用活动的漏缝木条地面,以便于清扫粪便。木条宽 32 毫米,厚 36 毫米,缝隙宽 15 毫米。或用厚 38 毫米、宽 60～80 毫米的水泥条筑成,间距为 15～20 毫米(图 3-8)。漏缝或镀锌钢丝网眼应小于羊蹄面积,以便于清除羊粪但羊蹄不至于掉下为宜。漏缝地板羊舍需配以污水处理设备,造价较高。国外大型羊场和我国南方地区一些羊场已普遍采用。这类羊舍为了防潮,可隔日抛撒木屑,同时应及时清理粪便,以免污染舍内空气。

图 3-8　水泥漏缝地板

在南方天气较热、潮湿的地区,可采用吊楼式羊舍,羊舍高出地面 1～2 米,吊楼上为羊舍,下为承粪斜坡,后与粪池相接,楼面为木条漏缝地面。这种羊舍的特点是距地面有一定高度,防潮,通风透气性好,结构简单。通常情况下饲料间、人工授精室、产羔室可用水泥或砖铺地面,以便于消毒。

5. 自动清粪地面装置　全自动清粪羊舍改变了传统的人工清粪模式,既卫生、有利于羊的健康,又节约劳动力,减少生产成本。全自动清粪羊舍是现代标准化羊养殖的典范(图 3-9,图 3-10)。

图 3-9　羊舍自动清粪地面装置

图 3-10　羊舍自动刮粪机

(三)墙　墙是基础以上露出地面将羊舍与外部隔开的外围结构,对羊舍保温起着重要作用。我国多采用土墙、砖墙和石墙等。土墙造价低,导热小,保温好,但易湿不易消毒,小规模简易羊舍可采用。砖墙是最常用的一种,其厚度有半砖墙、一砖墙、一砖半墙等,墙越厚保暖性能越强。石墙坚固耐久,但导热性大,在寒冷地区效果差。国外采用金属铝板、胶合板、玻璃纤维材料建成保温隔热墙,效果很好。

墙要坚固保暖。在北方地区墙厚为 24～37 厘米,单坡式羊舍后墙高度约 1.8 米,前高 2.2 米。南方地区羊舍可适当提高高度,以利于防潮防暑。一般农户饲养量较少时,圈舍高度可略低些,但不得低于 2 米。地面应高出舍外地面 20～30 厘米,铺成斜跨台以利排水。

墙壁根据经济条件决定用料,全部砖木结构或土木结构均可。无论哪种结构都要坚固耐用。潮湿和多雨地区可采用墙基和边角用石头或砖垒一定高度,上边用土坯或打土墙建成。木料紧缺地区也可用砖建拱顶羊舍,既经济又实用。

(四)门、窗 羊舍门、窗的设置既要有利于舍内通风干燥,又要保证舍内有足够的光照,要使舍内硫化氢、氨气、二氧化碳等气体尽快排出,同时地面还要便于积粪出圈。羊舍窗户的面积一般占地面面积的 1/15,距地面的高度一般在 1.5 米以上。门宽度为 2.5～3 米,羊群小时,宽度为 2～2.5 米,高度为 2 米。运动场与羊床连接的小门,宽度为 0.5～0.8 米,高度为 1.2 米。

(五)屋顶 屋顶具有防雨水和保温隔热的作用。要求选用隔热保温性好的材料,并有一定厚度,结构简单,经久耐用,保温隔热性能良好,防雨、防火,便于清扫消毒。其材料有陶瓦、石棉瓦、木板、塑料薄膜、稻(麦)草、油毡等,也可采用彩色钢板和聚苯乙烯夹心板等新型材料。在寒冷地区可加天棚,其上可贮存冬草,能增强羊舍保温性能。棚式羊舍多用木椽、芦席,半封闭式羊舍屋顶多用水泥板或木椽、油毡等。羊舍净高(地面至天棚的高度)2～2.4米。在寒冷地可适当降低净高。羊舍屋顶形式有单坡式、双坡式等,其中以双坡式最为常见。单坡式羊舍一般前高 2.2～2.5 米,后高 1.7～2 米,屋顶斜面呈 45°角。

(六)运动场 运动场是舍饲或半舍饲规模羊场必需的基础设施。一般运动场面积应为羊舍面积的 2～2.5 倍,成年羊运动场面积可按 4 米²/只计算。其位置排列根据羊舍建筑的位置和大小可位于羊舍的侧面或背面,但规模较大的羊舍宜建在羊舍的两个背面,低于羊舍地面 60 厘米以下,地面以沙质土壤为宜,也可采用三合土或砖地面,便于排水和保持干燥。运动场周边可用木板、木棒、竹子、石板、砖等做围栏,高 2～2.5 米。中间可隔成多个小运动场,便于分群管理。运动场地面可用砖、水泥、石板和沙质土壤,不得高于羊舍地面,周边应有排水沟,以保持干燥和便于清扫。还要有遮阳棚或绿植,以抵挡夏季烈日暴晒(图 3-11)。

图 3-11 羊舍的运动场

第三节 羊场配套设施设备

羊场基础设施的建设必须能够适应集约化、程序化生产工艺流程的需要和要求,整体规划经济合理,尽量避免追求豪华,应注重方便、有效和实用,建筑需考虑取材方便、材料和用工的成本等问题;但必需的设施一定要建,还要便于生产管理,节省财力、物力和人力,尽可能达到高产、优质和高效等目的。尽量为羊只提供一个较适宜的生产环境,使之尽可能避免不良气候等因素的影响。

一、羊场基础设施的建设原则

场址选定之后,就要根据羊场的近期和长远规划,场内地形、水源、主要风向等自然条件,合理安排场内的全部建筑物,做到土地利用经济,联系方便,布局整齐紧凑,尽量缩短供应距离。羊场的建设应采取节约、高效的原则,按彼此间的功能联系统筹安排,做到配置少而紧凑,达到卫生、安全的生产要求;以最短的运输、供电、供水线路,便于流水线作业,实现生产过程的专业化和有序性。

(一)因地制宜 因地制宜是指羊场的规划、设计及建筑物的营造绝对不可简单模仿,应根据当地的气候、场址的形状、地形地貌、小气候、土质及周边实际情况进行规划和设计。例如,平地建场,必须搭棚盖房。而在沟壑地带建场,挖洞筑窑作为羊舍及用房将更加经济适用。

(二)适用经济 适用经济是指建场修圈不但必须能够适应集约化、程序化生产工艺流程的需要和要求,而且投资还必须要少。也就是说,该建的一定要建,并且必须建好,与生产无关的绝对不建,绝不追求奢华。因为养羊生产毕竟仅是一种低附加值的产业,任何原因造成的生产经营成本的增加,要以微薄的盈利来补偿都是不易的。

(三)急需先建、逐步完善 是指羊场的选址、规划、设计全都做好以后,一般不可从一开始就全面开花,等把全部场舍都建设齐全以后再开始养羊。相反,应当根据经济能力办事,先根据达到能够盈利规模的需要进行建设,并使羊群尽快达到这一规模。

由于一个羊场,特别是大型羊场,基本设施的建设一般都是分期分批进行的,像母羊舍、配种舍、妊娠母羊舍、产房、带仔母羊舍、种公羊舍、隔离羊舍、兽医室等设计、要求、功能各不相同的设施,绝对不可都修建齐全以后才开始养羊。在这种情况下为使功用问题不至影响生产,若为复合式经营,可先建一些功能比较齐全的带仔母羊舍以代别的羊舍之用。至于办公用房、产房、配种室、种公羊圈,可在某栋带仔母羊舍某一适当的位置留出一定的间数,暂改他用,以备生产之急需。等别的专用羊舍、建筑建好腾出来以后,再把这些临时占用的带仔母羊舍逐渐恢复起来,用于饲养带仔母羊。

二、防护设施

　　防护设施包括防止场外人员及其他动物进入场区的围墙,隔离场区与外界环境(防疫)的隔离带以及场门,各生产区之间的隔离带和出入口。

　　(一)主要隔离设施　　没有良好的隔离消毒设施就难以保证有效的隔离和卫生,设置隔离消毒设施会加大投入,但减少疾病发生带来的收益将是长期的,要远远超过投入。隔离消毒设施主要如下。

　　1. 隔离墙(或防疫沟)　　羊场场区应以围墙和防疫沟与外界隔离,周围设绿化隔离带。围墙距一般建筑物的间距不应小于3.5 米,围墙距肉羊舍的间距不应小于 6 米。规模较大的肉羊场,四周应建较高(2.5～3 米)的围墙或较深(1.5～2 米)的防疫沟,以防止场外人员及其他动物进入场区。为了更有效地切断外界的污染因素,必要时可往沟内放水。但这种防疫沟造价较高,也很费工。靠墙绿化隔离带宽度一般不应小于 1 米,绿植高度不应低于1 米,否则起不到应有的隔离作用。应该指出,用刺网隔离是不能达到安全目的的,最好采用密封墙,以防止野生动物侵入。

　　2. 消毒池和消毒室　　养羊场大门设置消毒池和消毒室(或淋

浴消毒室),供进入人员、设备和用具的消毒。生产区中每栋建筑物门前要有消毒池(图3-12)。

图 3-12　场区门口消毒池

　　在羊场大门及各区域、羊舍的入口处,应设相应的消毒设施。场区大门口可设置长4米、宽3米、深0.2米的车辆消毒池;工作人员进入场区时要通过S形消毒通道,消毒通道内装设紫外线灯,消毒3～5分钟。地面上设置脚踏消毒槽或消毒湿垫,用氢氧化钠溶液消毒。消毒通道末端设置喷雾消毒室、更衣换鞋间等。对羊场的一切卫生防护设施,必须建立严格的检查制度,予以保证,否则会流于形式。

　　生产区与生活管理区和辅助生产区应设置围墙或用树篱严格分开,树篱带的宽度一般在5米左右。在生产区入口处设置第二次更衣消毒室(图3-13)和车辆消毒设施。工作人员从管理区进入生产区要通过更衣消毒室,运送饲料的车辆进入生产区要经过车辆消毒池,此处的车辆消毒池长3～3.5米、宽2～2.5米、深0.2米,内装1%～2%氢氧化钠溶液消毒剂。这些设施一端的出入口开在生活管理区内,另一端的出入口开在生产区内。在场内各区域间,设较小的防疫沟或围墙,或结合绿化培植隔离林带。防疫沟一般 1 米深、1.5~2 米宽;绿化隔离带宽度最少为 1 米,绿植高度最少为 1 米;围墙高 1.5~2 米,并应使它们之间留有足够的卫生防疫距离(100~200 米)。

图 3-13　生产区门口的更衣消毒室

3. 水井或水塔　有条件的养殖场要自建水井或水塔,用管道将水送到羊舍。

4. 封闭性饲料库和饲料塔　封闭性饲料库设在生活区和生产区交界处,两面开门,墙上部有小通风窗,垫料直接卸到库内,使用时从内侧取出即可(图 3-14)。垫料建议使用木屑,吸湿性好,又可减少与外界感染的机会;场内最好设置中心料塔和分料塔,中心料塔在生活区、生产区交界处;分料塔在各栋羊舍旁边。料罐车将饲料直接打入中心塔,生产区内的料罐车再将中心塔的饲料转运到各分料塔。

5. 卫生间　为减少人员之间的交叉活动、保证环境的卫生和为饲养员创造比较好的生活条件,在每个小区或者每栋羊舍都应设有卫生间。每栋舍的工作间一角建一个 1.5~2 米² 的冲水厕所,用隔断墙隔开。

图3-14 饲料库

(二)隔离制度 制订切实可行的卫生防疫制度,让养羊场的每个员工心中有数,严格按照制度进行操作,保证卫生防疫和消毒工作落到实处,不走过场至关重要。卫生防疫制度主要包括如下内容。

第一,养羊场生产区和生活区分开,入口处设消毒池,设置专门的隔离室和兽医室。养羊场周围要有防疫墙或防疫沟,只设置一个大门控制人员和车辆物品进入。设置人员消毒室,人员消毒室设置淋浴装置、熏蒸衣柜和场区工作服。

第二,进入生产区的人员必须淋浴,换上清洁消毒好的工作衣帽和靴后方可入内,工作服不准穿出生产区,定期更换,清洗消毒;进入的设备、用具和车辆也要消毒,消毒池的药液每隔2~3天更换1次。

第三,生产区不准养猫、养犬,职工不得将宠物带入场内。

第四,对于死亡病羊的检查,包括剖检等工作,必须在兽医诊疗室内进行,或在距离水源较远的地方检查,不准在兽医诊疗室以外的地方解剖尸体。剖检后的尸体以及死亡的病羊尸体应深埋或焚烧。在兽医诊疗室解剖尸体要做好隔离消毒。

第五，坚持自繁自养的原则。若确实需要引种，必须隔离45天，确认无病，并接种疫苗后方可调入生产区。

第六，做好羊舍和场区的环境卫生工作，定期清洁消毒。长年定期灭鼠，及时消灭蚊、蝇，以防疾病传播。

第七，当某种疾病在本地区或本场流行时，要及时采取相应的防治措施，并按规定上报主管部门，采取隔离、封锁措施。做好发病时病羊的隔离、检疫和治疗工作，控制疫病范围，做好病后的净群消毒等工作。

第八，本场外出的人员和车辆必须经过全面消毒后方可回场。运送饲料的包装袋，回收后必须经过消毒方可再利用，以防止污染饲料。

第九，做好疫病的免疫接种工作。卫生防疫制度应该涵盖较多方面工作，如隔离卫生工作、消毒工作和免疫接种工作，所以制订的卫生防疫制度要根据本场的实际情况尽可能全面、系统，容易执行和操作，做好管理和监督，保证一丝不苟地贯彻落实。

三、道路建设

场区道路要求在各种气候条件下能保证通车，防止扬尘。羊场道路包括与外部联系的场外主干道和场区内部道路。场外主干道担负着全场的货物、产品和人员的运输，其路面最小宽度应能保证两辆中型运输车辆的顺利错车，为6～7米。场内道路的功能不仅是运输，同时也具有卫生防疫作用，因此道路规划设计要满足分流与分工、联系简捷、路面质量、路面宽度、绿化防疫等要求。

1. 道路分类　按功能分为人员出入、运输饲料用的清洁道（净道）和运输粪污、病死羊的污物道（污道），有些场还设供羊转群和装车外运的专用通道。按道路担负的作用分为主要道路和次要道路。

2. 道路设计标准 净道一般是场区的主干道,路面最小宽度要保证饲料运输车辆的通行,宽 3.5～6 米,宜用水泥混凝土路面,也可选用整齐石块或条石路面,路面横坡坡度 1%～1.5%,纵坡坡度 0.3%～8%。污道宽 3～3.5 米,宜用水泥混凝土路面,也可用碎石、砾石、石灰渣土路面,横坡坡度为 2%～4%,纵坡坡度为 0.3%～8%。与羊舍、饲料库、产品库、兽医建筑物、贮粪场等连接的次要干道,宽度一般为 2～3.5 米。

3. 道路规划设计要求 一是要求净、污道分开与分流明确,尽可能互不交叉,兽医建筑物须有单独的道路。二是要求路线简捷,以保证牧场各生产环节最方便的联系。三是路面质量要好,要求坚实、排水良好,以砂石路面和混凝土路面为佳,保证晴雨通车和防尘;道路的设置应不妨碍场内排水,路两侧也应有排水沟、绿化。道路一般与建筑物长轴平行或垂直布置,在无出入口时,道路与建筑物外墙应保持 1.5 米的最小距离;有出入口时则为 3 米。

四、给排水管道建设

1. 给水工程

(1)给水系统组成 由取水、净水、输配水三部分组成,包括水源、水处理设施与设备、输水管道、配水管道。大部分羊场的建设位置均远离城镇,不能利用城镇给水系统,所以都需要独立的水源,一般是自己打井和建设水泵房、水处理车间、水塔、输配水管道等。

(2)用水量估算 羊场用水包括生活用水、生产用水及消防和灌溉等其他用水。

①生活用水 指平均每一职工每天所消耗的水,包括饮用、洗衣、洗澡及卫生用水,其水质要求较高,要满足人的各项用水标准。用水量因生活水平、卫生设备、季节与气候等而不同,一般可按每人每天 40～60 升计算。

②生产用水 包括羊只饮用、饲料调制、羊体清洁、饲槽与用具刷洗、羊舍清扫等所消耗的水。圈养状态下每头成年绵羊每天需水量为 10 升,羔羊为 3 升。放牧状态下平均每只羊的日耗水量为 3～8 升。羊舍很少用高压水冲洗粪便,一般都是干清粪,耗水量很少。

③其他用水 其他用水包括消防、灌溉、不可预见等用水。消防用水是一种突发用水,可利用肉羊场内外的江河湖塘等水面,也可停止其他用水,保证消防。绿地灌溉用水可以利用经过处理后的污水,在管道计算时也可不考虑。不可预见用水包括给水系统损失、新建项目用水等,可按总用水量的 10％～15％考虑。

④总水量估算 总用水量为上述用水量总和,但用水量并非是均衡的,在每个季度、每天的各个时间内都有变化。夏季用水量远比冬季多;上班后清洁羊舍与羊体时用水量骤增,夜间用水量很少。因此,为了充分地保证用水,在计算羊场用水量及设计给水设施时,必须按单位时间内最大用水量来计算。

(3)水质标准 水质标准中目前尚无畜用标准,可以按人的饮用水卫生标准执行。

(4)管网布置 因规模较小,羊场管网布置可以采用树枝状管网。干管布置方向应与给水的主要方向一致,以最短距离向用水量最大的肉羊舍供水;管线长度尽量短,减少造价;管线布置时充分利用地形,利用重力自流;管网尽量沿道路布置。

2. 排水工程

(1)排水系统组成 排水系统应由排水管网、污水处理站、出水口组成。羊场的粪污量大且极容易对周边环境造成污染,因此羊场的粪污无害化处理与资源化利用是一项关系着全场经济效益、社会效益、生态效益的关键工程,粪污处理与利用另有专项工程论述,在此的排水工程仅指排水量估算、排水方式选择与排水管网布置。

（2）排水分类　包括雨雪水、生活污水、生产污水（粪污和清洗废水）。

（3）排水量估算　雨水量根据当地降水强度、汇水面积、径流系数计算，具体参见城乡规划中的排水工程估算法。羊场的生活污水主要来自职工的食堂和浴厕，其流量不大，一般不需计算，管道可采用最小管径（150～200毫米）。羊场最大的污水量是生产过程中的生产污水，生产污水量因饲养种类、饲养工艺与模式、生产管理水平、地区气候条件等差异而不同，其估算是以在不同饲养工艺模式下，单位规模羊只饲养量在一个生长生产周期内所产生的各种生产污水量为基础定额，乘以饲养规模和生产批数，再考虑地区气候因素加以调整。

（4）排水方式选择　羊场排水方式分为分流与合流2种。羊场的粪污需要专门的设施、设备与工艺来处理与利用，投资大、负担重，因此应尽量减少粪污产生与排放。在源头上主要采用干清粪等工艺，而在排放过程中应采用分流排放方式，即雨水和生产、生活污水分别采用两个独立系统。生产与生活污水采用暗埋管渠，将污水集中排到场区的粪污处理站；专设雨水排水管渠，不要将雨水排入需要专门处理的粪污系统中。

（5）排水管渠布置　场区实行雨污分流的原则，对场区自然降水可采用有组织的排水。对场区污水应采用暗管排放，集中处理，符合《畜禽养殖业污染物排放标准》（GB 18596—2001）的规定。

场内排水系统多设置在各种道路的两旁及家畜运动场的周边。采用斜坡式排水管沟，以尽量减少污物积存及被人、畜损坏。为了整个场区的环境卫生和防疫需要，生产污水一般应采用暗埋管沟排放。暗埋管沟排水系统如果超过200米，中间应增设沉淀井，以免污物淤塞，影响排水。沉淀井不应设在运动场中或交通频繁的干道附近。沉淀井距供水水源至少应有200米以上的间距。暗埋管沟应埋在冻土层以下，以免因受冻而阻塞。雨水中也有些场地中的零星粪污,有条件也宜采用暗埋管沟,如采用方形明沟,其最深处不应超过 30 厘米,沟底应有 1%～2% 的坡度,上口宽 30～60 厘米。

给水和排水管道施工主要是按照设计要求,把图纸的设计意图在场区实地上表现出来,这就要求在施工前先对场区进行测量,然后进行排水明沟的开挖,以及排水暗沟渠的建设,同时进行建设的还有与之相关的附属构筑物。

五、绿　化

搞好羊场绿化,不但可以调节小气候、减弱噪声、净化空气、起到防疫和防火等作用,而且可以美化环境。绿化应根据本地区气候、土壤和环境功能等条件,选择适合当地生长的、对人和家畜无害的花草树木进行场区绿化。

场区绿化率不低于 30%,生活管理区的绿化应具有观赏和美化效果,场内卫生防疫隔离用地及粪便污水处理设施周围应布置绿化隔离带,场区全年主风向的上风侧围墙一侧或两侧应种植防风林带,围墙的其他部分种植绿化隔离带。

树木与建筑物外墙、围墙、道路边缘及排水明沟边缘的最小距离不应小于 1 米。

1. 场区绿化带(防疫、隔离、景观)　场区周边种植乔木和灌木混合林带,特别是场界的北、西侧,应加宽这种混合林带(宽度达 10 米以上,一般至少应种 5 行),以起到防风阻沙的作用。场区隔离林带主要用以分隔场内各区及防火,如在生产区、住宅及生产管理区的四周都应有这种隔离林带。中间种乔木,两侧种以灌木(种植 2～3 行,总宽度为 3～5 米)。

场区内、外道路两旁,一般种植 1～2 行树冠整齐的乔木或亚乔木,在靠近建筑物的采光地段,不应种植枝叶过密、过于高大的树种,以免影响羊舍的自然采光。最好采用常青树种。

2. 运动场遮阴林 运动场的南侧和西侧,应设1~2行遮阴林。一般可选枝叶开阔、生长势强、冬季落叶后枝条稀少的树种,如北京杨、加拿大杨、辽杨、槐、枫等。也可利用爬墙虎或葡萄树来达到同样目的。运动场内种植遮阴树时,可选用枝条开阔的果树类,以增加遮阴、观赏及经济价值,但必须采取保护措施,以防羊只破坏林木。

六、粪污处理

设计或运行一个畜禽场粪污处理系统,必须对粪便的性质,粪便的收集、转移、贮存及施肥等方面问题进行全面分析研究。规划时,应视不同地区的气象条件及土壤类型、管理水平等进行不同的设计,以便使粪污处理工程能发挥最佳的工作效果。

1. 粪污处理量的估算 粪污处理工程除了满足处理各种家畜每天粪便排泄量外,还需将全场的污水排放量一并加以考虑。羊大致的粪、尿排泄量见表3-2所述。按照目前城镇居民污水排放量一般与用水量一致的计算方法,羊场污水量估算也可按此法进行。

表3-2 羊粪、尿排泄量(原始量)

饲养期(天)	每只日排泄量(千克)			每只饲养期排泄量(吨)		
	粪 量	尿 量	合 计	粪 量	尿 量	合 计
365	2	0.66	2.66	0.73	0.24	0.97

2. 粪污处理工程规划的内容 处理工程设施是现代集约化羊场建设必不可少的项目,从建场伊始就要统筹考虑。规划设计依据是粪污处理与综合利用工艺设计,其前提是羊场的排水工程,一般应综合考虑。粪污处理工程设施因处理工艺、投资、环境要求的不同而差异较大,实际工作中应根据环境要求、投资额度、地理与气候条件等因素先进行工艺设计。

一般其主要的规划内容应包括:粪污收集(即清粪)、粪污运输(管道和车辆)、粪污处理场的选址及其占地规模的确定、处理场的平面布局、粪污处理设备选型与配套、粪污处理工程构筑物(池、坑、塘、井、泵站等)的形式与建设规模。规划原则是:首先考虑其作为农田肥料的原料;充分考虑劳动力资源丰富的国情,不要一味追求全部机械化;选址时避免对周围环境造成污染。还要充分考虑羊场所处的地理与气候条件,严寒地区堆粪时间长,场地要较大,且收集设施与输送管道要防冻。

七、采暖工程

羊场的采暖工程要保证养羊生产需要,即从出生到成年不同生长发育阶段的供暖保证,以及工作人员的办公和生活需要。

采暖系统分为集中供暖系统、分散供暖系统和局部供暖系统。集中供暖系统一般以热水为热媒,由集中锅炉房、热水输送管道、散热设备组成,全场形成一个完整的系统。分散供暖系统是指每个需要采暖的建筑或设施自行设置供暖设备,如热风炉、空气加热器和暖风机。集中供暖能保证全场供暖均衡、安全和方便管理,但一次性投资太大,适于大型肉羊场。分散供暖系统投资较小,可以和冬季羊舍通风相结合,便于调节和自动控制;缺点是采暖系统停止工作后余热小,舍温降低较快,中、小型肉羊场可采用。

工作人员的办公与生活空间采暖与普通民用建筑采暖相同,由此估算全场的采暖负荷。

八、电力、电讯工程

(一)基本要求　基本要求是经济、方便、清洁。电力工程是羊场不可缺少的基础设施,同时随着经济和技术的发展,信息在经济与社会各领域中的作用越来越重要,电讯工程也成为现代羊场的必需设施。电力与电讯工程规划就是需要经济、安全、稳定、可靠的供配电系统和快捷、顺畅的通信系统,以保证羊场正常生产运营和与外界市场的紧密联系。

(二)供电系统 羊场的供电系统由电源、输电线路、配电线路、用电设备构成。规划主要内容包括用电负荷估算、电源与电压选择、变(配)电所的容量与设置、输配电线路布置。

(三)用电量 羊场用电负荷包括办公、职工宿舍、食堂等辅助建筑和场区照明等,以及饲料加工、清粪、挤奶、给排水、粪污处理等生产用电。照明用电量根据各类建筑照明用电定额和建筑面积计算,用电定额与普通民用建筑相同。生活电器用电根据电器设备额定容量之和,并考虑同时系数求得。生产用电根据生产中所使用的电力设备的额定容量之和,并考虑同时系数、需用系数求得。在规划初期可以根据已建的同类羊场的用电情况来类比估算。

(四)电源和电压及变(配)电所的设置 羊场应尽量利用周围已有的电源,若没有可利用的电源,需要远距离引入或自建。为了确保羊场的用电安全,一般场内还需要自备发电机,防止外界电源中断使羊场遭受巨大损失。羊场的使用电压一般为 220 伏/380 伏,变电所或变压器的位置应尽量居于用电负荷中心,最大服务半径要小于 500 米。

(五)电讯工程 工程规划是根据生产与经营需要配置电话、电视和网络。

第四章　饲料与羊病防控

饲料是羊赖以生存和生产的基础,直接关系羊相关的质量和羊的健康。因此,羊饲料原料的选择、保存等对羊病的防控都有重要作用。

第一节　饲料的分类

羊饲料的种类很多,但任何一种饲料都存在营养上的特殊性和局限性,要养好羊必须进行多种饲料的科学搭配。要合理利用各种饲料,首先要了解饲料的科学分类,熟悉各类饲料的营养价值和利用特性。而分类方法各地也有所不同,为了便于养殖者的应用,将羊的饲料分为青绿多汁饲料、粗饲料、能量饲料、蛋白质饲料、矿物质饲料和饲料添加剂六大类。

一、青绿多汁饲料

青绿多汁饲料包括天然水分含量在 45% 以上的新鲜野生杂草、栽培牧草、青刈饲料、草地牧草、树叶类、蔬菜、水生植物以及未完全成熟的谷物植株和非淀粉质的块根、块茎、瓜果类等。块根、块茎、瓜果类为多汁饲料,其他为青绿饲料。青绿多汁饲料的共同特点是养分比较丰富,适口性好,易于消化,饲料利用率高,生产成本低和单位面积营养物质产量高。缺点是水分含量高、干物质含量少、体积大。

二、粗饲料

干粗饲料是指天然水分含量在 45% 以下、干物质中粗纤维含量在 18% 以上的一类饲料,包括青干草、农作物的秸秆、荚壳、各种干草、干树叶及其他农副产品。其特点是,体积大、重量轻、养分浓度低,但蛋白质含量差异大,总能含量高,消化能低,维生素 D 含量丰富,其他维生素较少,含磷较少,粗纤维含量高,较难消化。

在粮食主产区,利用先进技术将农作物秸秆及加工副产品加工处理后,适口性和营养价值提高,是重要的粗饲料来源。通常,质地粗硬的秸秆或藤蔓可用揉草机揉软、切短后饲喂,或用粉碎机粉碎后拌入精饲料制成微贮饲料。玉米秸、谷草、稻草、麦秸、豆秸及荚壳饲喂时最好经粉碎后与其他精饲料混合制成颗粒饲料饲喂。

三、能量饲料

是指饲料干物质中粗纤维含量低于 18%、粗蛋白质含量小于 20%、消化能含量在 10.5 兆焦/千克以上的一类饲料,包括谷实类、糠麸类等。这类饲料的基本特点是体积小、可消化养分含量高,但养分组成较偏。例如,子实类能量价值较高,但蛋白质含量不高;含粗脂肪 7.5% 左右,且主要为不饱和脂肪酸;含钙不足,一般低于 0.1%;含磷较多,可达 0.3%~0.45%,但多为植酸盐,不易被消化吸收。另外,缺乏胡萝卜素,但 B 族维生素比较丰富。这类饲料适口性好,消化率高,在羊饲养中占有极其重要的地位。

四、蛋白质饲料

是指干物质中粗纤维含量在 18% 以下、粗蛋白质含量在 20% 以上的一类饲料。它是羊日粮中蛋白质的主要来源,其在日粮中所占比例为 10%~20%。包括植物性蛋白质饲料和单细胞蛋白质饲料。

五、矿物质饲料

包括食盐、石粉、石膏、硫酸钙、磷酸氢钠、磷酸氢钙、混合矿物质补充饲料等。加喂矿物质饲料是为了补充饲料中钙、磷、钠和氯等的不足。这类饲料的补喂量一般占精饲料量的 10% 左右。

六、饲料添加剂

是指在配合饲料中加入的各种微量成分，其作用是完善饲料的营养成分、提高饲料的利用率，促进羊的生长和预防疾病，减少饲料在贮存期间的营养损失，改善产品品质。常用的有补充饲料营养成分的添加剂，如氨基酸、矿物质和维生素；促进饲料的利用和保健作用的添加剂，如生长促进剂、驱虫剂和助消化剂等；防止饲料品质降低的添加剂，如抗氧化剂、防霉剂、黏结剂和增味剂等。

第二节　青干草的选择和加工

优质干草色泽青绿、气味芳香，植株完整且含叶量高，泥沙少，无杂质、无霉烂和变质，水分含量在 15% 以下。青干草按以下 5 个级别进行质量评定：一级，枝叶呈鲜绿色或深绿色，叶及花序损失小于 5%，含水量在 15%～17%，有浓郁的干草香味；二级，枝叶呈绿色，叶及花序损失小于 10%，含水量在 15%～17%，有香味；三级，叶色发黄，叶及花序损失小于 15%，含水量在 15%～17%，有干草香味；四级，茎叶发黄或发白，叶及花序损失大于 15%，含水量在 15%～17%，香味较淡；五级，发霉、有臭味，不能饲喂。

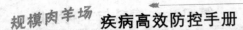

第三节　青贮饲料原料的选择、加工和青贮饲料的鉴定

青贮饲料是指青绿多汁饲料在收获后,直接切碎,贮存于密封的青贮容器(窖、池)内,在厌氧环境中,通过乳酸菌的发酵作用而调制成能长期贮存的饲料,常用原料为各种秸秆。

羊瘤胃微生物可以消化利用秸秆中的粗纤维,但当秸秆木质化后,粗纤维被木质素包裹,不易被消化利用。因此,为了提高羊对农副产品的消化利用率,在不影响农作物产量和质量的前提下,应尽量提早收获,并快速调制,以减少其木质化程度。

一、秸秆类饲料的营养特性

秸秆类饲料的种类很多,常用的秸秆类饲料(玉米、麦秸、稻谷草等)的营养特性如下。

(一)玉米秸　玉米秸以收获方式分为收获子实后的黄玉米秸(或干玉米秸)和青刈玉米秸(子实未成熟即行青刈)。青刈玉米秸的营养价值高于黄玉米秸,青嫩多汁,适口性好,胡萝卜素含量较多(3~7毫克/千克),可青喂、青贮和晒制干草供冬、春季饲喂。生长期短的春播玉米秸秆比生长期长的玉米秸秆的粗纤维含量少,易消化。同一株玉米,上部比下部的营养价值高,叶片头茎部比秆部的营养价值高,玉米秸秆的营养价值优于玉米芯。

(二)麦秸　麦秸的营养价值较低,粗纤维含量较高,并有难以利用的硅酸盐和蜡质。羊单纯采食麦秸类饲料饲喂效果不佳,且易上火,有的羊口角溃疡,群众俗称"上火"。在麦秸饲料中燕麦秸、荞麦秸的营养价值较高,适口性也好,是羊的好饲草。

(三)谷草　谷草质地柔软厚实,营养丰富,可消化粗蛋白质、可消化总养分较麦秸、稻草高。在禾谷类饲草中,谷草主要的用途是制备干草,供冬、春季饲用,是品质最好的饲草。但对于羊来说其并不是最好的饲草,长期饲喂谷草羊不上膘,有的还可能会消瘦,因为谷草属凉性饲草,羊吃了会掉膘。

(四)豆秸　豆秸是各类豆科作物收获子粒后的秸秆总称,包括大豆、黑豆、豌豆、蚕豆、豇豆、绿豆等的茎叶,它们都是豆科作物成熟后的副产品,叶子大部分都已凋落,即使有一部分叶片也已枯黄,茎也多木质化,质地坚硬,粗纤维含量较高,但其中粗蛋白质的含量和消化率较高,经压扁豆荚仍保留在豆秸上,这样豆秸的营养价值和利用率都得到提高。青刈大豆秸叶的营养价值接近紫花苜蓿。在豆秸中蚕豆秸和豌豆秸的粗蛋白质含量最高,品质较好。

(五)花生藤、甘薯藤及其他蔓秧　花生藤和甘薯藤都是收获地下根茎后的地上茎叶部分,这部分藤类虽然产量不高,但茎叶柔软、适口性好,营养价值和采食利用率、消化率均较高。甘薯藤、花生藤干物质中的粗蛋白质含量较高。

二、青贮饲料的加工

用窖青贮时,青贮饲料应高于窖口40厘米,盖上塑料薄膜,其上覆盖约40厘米厚的稻草或麦秸,然后覆土15～20厘米厚,封闭。

用塑料袋青贮时,塑料袋厚度须达到0.6～0.8毫米,无破损,厚薄均匀,严禁使用装过有毒物品的塑料袋及聚氯乙烯塑料袋,每袋以装20～40千克青贮饲料为宜。开袋取料后须立即扎紧袋口,以防变质。

青贮饲料喂养羊须有一渐进过程,喂量逐渐增加。一般以每只羊每天饲喂1.5～2.5千克为宜。

三、青贮饲料的鉴定

青贮饲料使用前一定要进行品质的鉴定,现场评定青贮饲料品质主要从气味、颜色、酸碱度3个方面进行。

(一)取样 于青贮窖表层25~30厘米处,一般以四角和中央各一点,五点共取青贮饲料约半烧杯。

(二)气味 立即鉴别样品的气味。良好的青贮饲料应具有酒味或酸香味。如果出现醋酸味,表示品质较差。劣质的青贮饲料有腐烂的粪臭味。

(三)颜色 优质的青贮饲料呈绿色。如果出现黄绿色或褐色,表示质量较差。劣质青贮饲料呈暗绿色或黑色。

(四)酸碱度 可用广泛 pH 试纸等测定其 pH 值,3.8~4.2 的为优质青贮饲料,4.2~4.6 的质量较差。pH 值越高,质量越差。

第四节 羊的消化生理特点

一、消化系统构成

羊的消化器官由口腔、食管、胃、小肠和大肠等组成。

(一)口腔和食管 羊嘴尖唇薄,上唇中央有一条纵沟,门齿锐利而稍向外倾斜,吃草时口唇和地面接近,有利于啃食低矮的牧草和灌木枝叶,并能捡食散落于地面的农作物子实和树叶。羊的舌前端较尖,舌面上有短而钝的乳头,舌尖光滑,可协助咀嚼和吞咽。

(二)胃 羊属于小反刍家畜,有4个胃。第一胃是瘤胃,在腹腔左侧,呈椭圆形,黏膜为棕黑色,表面有无数密集的乳头。第二胃是网胃,呈球形,内壁分割成很多网格如蜂巢状,又叫蜂巢胃。第三胃是瓣胃,内壁有纵列的褶膜。第四胃是皱胃,呈圆锥形,由胃壁的胃腺分泌胃液(主要是盐酸和胃蛋白酶),饲料在胃液的作用下,进行化学性消化。前3个胃由于没有腺体组织,因此称前胃。第一、第二胃紧连在一起,其消化生理作用基本相似,除机械作用外,还具有广泛的微生物活动,分解消化食物;第三胃则是对食物起机械压榨作用。

(三)小肠 小肠是羊消化吸收的主要器官,长度为 17～34 米,细长而曲折,与体长之比为 25～30∶1。酸性的胃内容物进入小肠后,经各种消化液的化学性消化,被分解的各种营养物质在小肠下部被绒毛上皮吸收。未被消化的物质,经小肠的蠕动而被推入大肠。

(四)大肠 大肠直径比小肠大,长度比小肠短,为 4～13 米。大肠的主要功能是吸收水分、盐类、低级脂肪和形成粪便。凡小肠内消化未尽的营养物质,也可在大肠微生物和由小肠液带来的各种酶的作用下继续分解、消化和吸收,剩余残渣成为粪便,排出体外。

二、反刍功能特点

反刍是指草食动物在食物消化前将食团经瘤胃逆呕到口中,经再咀嚼和再咽下的活动。包括逆呕、再咀嚼、再混合唾液和再吞咽 4 个过程。其机制是饲草刺激网胃、瘤胃前庭和食管沟的黏膜,反射性引起逆呕。反刍可对饲料进一步磨碎,同时使瘤胃保持极端厌氧、恒温(39℃～40℃)、pH 值为 5.5～7.5 的环境,有利于瘤胃微生物生存、繁殖和进行消化活动。羊在短时间内能采食大量草料,经瘤胃浸软、混合和发酵,随即出现反刍活动。先是逆一个食团于口中,反复咀嚼 70～80 次后,与唾液混合再吞咽于胃中,如此逐一进行。羊 1 天反复咀嚼食团数约 500 个。

正常情况下,在食入饲料后 40～70 分钟,即出现第一次反刍周期。每次反刍平均持续 40～60 分钟,有时可达 1.5～2 小时,反刍次数的多少与饲料种类有密切的关系,饲料中粗纤维含量越高,反刍时间越长。绵羊每天反刍的时间约为放牧采食时间(8～10 小时)的 3/4,为舍饲采食时间(3～4 小时)的 1.6 倍。

当羊患病、过度疲劳或受外来强刺激时,都可引起反刍和瘤胃功能减弱或完全停止。反刍一旦停止,食物滞留在瘤胃内,往往由于发酵所产生的气体排不出去,从而引起瘤胃臌胀。

三、瘤胃微生物的作用

瘤胃内存在大量的细菌和原虫,每毫升瘤胃内容物中有细菌 $10^{10} \sim 10^{11}$ 个,原虫 $10^5 \sim 10^6$ 个。瘤胃犹如一个发酵罐,温度约 $40℃$,pH 值在 $6 \sim 8$,为微生物的繁殖创造了适宜的环境。瘤胃是一个复杂的生态系统,反刍家畜摄入大量的草料并将其转化为畜产品,主要靠这些微生物复杂的消化代谢过程。

(一)分解粗纤维 依靠微生物产生的粗纤维水解酶,能将饲草中的粗纤维分解成容易消化的碳水化合物(羊能消化粗纤维 $50\% \sim 80\%$),从而被羊体所利用,同时形成挥发性低级脂肪酸(VFA),如乙酸、丙酸和丁酸等。这些有机酸,一方面可以与尿素分解后产生氨,通过微生物的作用合成氨基酸。另一方面有机酸可以中和由尿素分解所产生大量的氨,维持瘤胃内正常的酸碱度,不至于使羊发生氨中毒。

(二)利用植物性蛋白质和非蛋白氮(NPN)合成"酸体蛋白"饲料中低质量的植物性蛋白质,通过瘤胃微生物的作用,被分解为肽、氨基酸和氨。饲料中的非蛋白氮,如酰胺、尿素等,也被分解为氨。这些分解产物,在瘤胃内能源供应充足和具有一定数量蛋白质的条件下,瘤胃微生物可将其合成微生物蛋白质,进入皱胃和小肠后被消化吸收。微生物蛋白质含有各种必需氨基酸,其比例合适,组成较稳定,生物学价值高,随食糜进入皱胃和小肠,作为蛋白质饲料被消化。

(三)合成维生素 维生素合成后,一部分在瘤胃中被吸收,其余在肠道中被吸收利用,能满足羊只自身需要,不必另行补充。此外,瘤胃微生物还对脂类有氢化作用,可以将牧草中的不饱和脂肪酸转变成羊体的硬脂酸。同时,瘤胃微生物也能合成脂肪酸。

四、羔羊的消化功能特点

哺乳时期的羔羊,主要是第四胃发挥消化功能,前3个胃的作用很小。因为这时瘤胃微生物区系尚未形成,没有消化纤维的能力,不能采食和利用饲料。羔羊对淀粉的耐受量很低,小肠消化淀粉能力有限。所吃母乳直接进入皱胃,由皱胃所分泌的凝乳酶进行消化。因此,应喂给羔羊营养价值高、纤维素少、体积小、能量和蛋白质水平高、品质好、容易消化的饲料。单一吃奶的羔羊瘤胃和网胃发育处于不完善状态,随日龄的增长和采食植物性饲料的增加,前三胃体积逐渐增大,皱胃凝乳酶的分泌逐渐减少,其他消化酶逐渐增多,对草料的消化分解能力开始加强,约在20日龄开始出现反刍活动。依据这一特点,在出生后15天左右开始补饲优质干草和饲料,以刺激促进瘤胃的发育和微生物区系的形成,增强对植物性饲料的消化能力。在羔羊哺乳期,若在饲料中添加抗生素25毫克(每羔每日),可提高羔羊体重11%,节省饲料10%,有益无害;但用来饲喂成年羊则有害无益。

五、羔羊的适应性特点

哺乳期羔羊各组织器官功能尚不健全,如出生1~2周内羔羊调节体温的功能发育不完善,神经反射迟钝,皮肤保护性能差,特别是消化道黏膜容易受细菌侵袭而发生消化道疾病。但哺乳期羔羊可塑性强,外部环境变化能引起机体相应的变化而发生变异,有利于羔羊的定向培育。

第五节 饲料营养与羊病防控

一、羊的营养需要

羊从草料中获得的营养物质,包括碳水化合物、蛋白质、脂肪、矿物质、维生素和水。碳水化合物和脂肪主要为羊提供生存和生产所必需的能量;蛋白质是羊体生长和组织修复的主要原料,也提供部分能量;矿物质、维生素和水在调节羊的生理功能、保障营养物质和代谢产物的传输方面,具有重要作用,其中钙、磷是组成牙齿和骨骼的主要成分。

(一)维持的营养需要 维持需要是指在仅满足羊的基本生命活动(呼吸、消化、体液循环、体温调节等)的情况下,羊对各种营养物质的需要。羊的维持需要得不到满足,就会动用体内储存的养分来弥补亏损,导致体重下降和体质衰弱等不良后果。只有当日粮中的能量和蛋白质等营养物质超出羊的维持需要时,羊才能维持一定水平的生产能力。干奶空怀的母羊和非配种季节的成年公羊,大都处于维持饲养状态,对营养水平要求不高。山羊的维持需要,与同体重的绵羊相似或略低。

1.碳水化合物 碳水化合物是一类结构复杂的有机物,包括淀粉、糖类、半纤维素、纤维素和木质素等。碳水化合物是组成羊日粮的主体。依靠瘤胃微生物的发酵,将碳水化合物转化为挥发性脂肪酸,以满足羊对能量的需要,是羊对碳水化合物消化利用的特点。据报道,瘤胃中分解的淀粉和糖类可占总量的 95%,只有少量可溶性碳水化合物进入后段消化道中。在高粗饲料日粮条件下,所产生的挥发性脂肪酸主要是乙酸;改喂高能量低蛋白质日粮时,乳酸的比例上升;而改喂高能量高蛋白质日粮时,丁酸的比例增加。后两种情况对羊都有不利的影响。

2. **蛋白质**　蛋白质是由氨基酸组成的含氮化合物,是羊体组织生长和修复的重要原料。同时,羊体内的各种酶、内分泌、色素和抗体等大多是氨基酸的衍生物。离开了蛋白质,生命就无法维持。在维持饲养条件下,蛋白质的需要主要是满足组织新陈代谢和维持正常生理功能的需要。

3. **矿物质**　羊即使处于完全饥饿的状态下,为维持正常的代谢活动,仍需消耗一定的矿物质。所以,在维持饲养时,必须保证一定水平的矿物质量。羊最易缺乏的矿物质是钙、磷和食盐。此外,还应补充必要的矿物质微量元素。

4. **维生素**　羊在维持饲养时也要消耗一定的维生素,必须由饲料补充,特别是维生素 A 和维生素 D。在羊的冬季日粮中搭配一些胡萝卜或青贮饲料,能保证羊的维生素需要。

5. **水**　水对人、畜都是不可缺少的重要营养物质。为羊提供充足、卫生的饮水,是羊只保健的重要环节。

(二)产毛的营养需求　羊毛是一种由 18 种氨基酸组成的角化蛋白质,富含含硫氨基酸,其胱氨酸的含量可占角蛋白总量的 9%～14%。瘤胃微生物可利用饲料中的无机硫合成含硫氨基酸,以满足羊毛生长的需要,提高羊毛产量,改善羊毛品质。在羊日粮干物质中,氮、硫比例以保持 5～10:1 为宜。产毛的营养需要与维持、生长、肥育和繁殖等的营养需要相比,所占比例不大,并远低于产奶的营养需要。但是,当日粮中粗蛋白质水平低于 5.8% 时,也不能满足产毛的最低需要。产毛的能量需要约为维持需要的 10%。铜与羊的产毛关系密切,缺铜的羊除表现贫血、瘦弱和生长发育受阻外,羊毛弯曲变浅,被毛粗乱,还直接影响羊毛的产量和品质。但应注意的是,绵羊对铜的耐受力非常有限,每千克饲料干物质中铜的含量达 5～10 毫克已能满足羊的各种需要;超过 20 毫克时有可能造成羊的铜中毒。维生素 A 对羊毛生长和羊的皮肤健康十分重要,夏、秋季一般不易缺乏,而冬、春季则应适当补充,其主要原因是牧草枯黄后,维生素 A 已基本上被破坏,不能满足羊的需要。对以高粗饲料日粮或舍饲饲养为主的羊,应提供一定的青绿多汁饲料或青贮饲料,以弥补维生素的不足。

(三)产奶的营养需求 产奶是母羊的重要生理功能。母羊的泌乳量直接影响羔羊的生长发育,同时也影响奶羊生产的经济效益。绵羊奶和山羊奶在营养成分含量、品质等方面有一定的差异,一般而言,山羊奶水分高、乳脂低、膻味较大,乳蛋白中酪蛋白含量稍高,奶酪制品稍粗糙,但山羊产奶量较高,是发展奶羊生产的主体。羊奶中的酪蛋白、白蛋白、乳脂和乳糖等营养成分,都是饲料中不存在的,必须经过乳房合成。当饲料中碳水化合物和蛋白质供应不足时,会影响产奶量,缩短泌乳期。对于高产奶山羊,仅靠放牧或补喂干草不能满足产奶的营养需要,必须根据产奶量的高低,补喂一定数量的混合精饲料。据测定,每千克山羊奶含 0.46 千克饲料单位的净能、49 克可消化蛋白质、2.8 克钙和 2.2 克磷,此外还含有一定数量的矿物质微量元素和维生素。在奶山羊的补饲精饲料中,钙、磷的含量和比例对产奶量都有较明显的影响,较合理的钙、磷比例为 1.5~1.7∶1。维生素 A 和维生素 D 对奶山羊的产奶量有明显的影响,必须从日粮中补充,尤其是在舍饲饲养时,给羊提供较充足的青绿多汁饲料,有促进产奶的作用。据观察,当母乳中缺乏维生素 D 时,羔羊对钙、磷的吸收和利用能力下降,有碍羔羊的生长和发育。

(四)生长和肥育的营养需求 从性状度量的角度来说,羊的生长和肥育都表现为增重和产肉量增加。但在羊的不同生理阶段,增重对营养物质的需要有很大的差异。

1. 生长的营养需要 羊从出生到 1.5 岁,肌肉、骨骼和各器官组织发育较快,需要沉积大量的蛋白质和矿物质,尤其是初生至 8 月龄,是羊出生后生长发育最快的阶段,对营养的需要量较高。羔羊在哺乳前期(0~8 周龄)主要依靠母乳来满足其营养需要,而后期(9～16 周龄)必须给羔羊单独补饲。哺乳期羔羊的生长发育非常快,每千克增重仅需母乳 5 千克左右。羔羊断奶后,日增重略低一些,在一定的补饲条件下,羔羊 8 月龄前的日增重可保持在100～200 克。绵羊的日增重高于山羊。羊增重的可食成分主要是蛋白质(肌肉)和脂肪。在羊的不同生理阶段,蛋白质和脂肪的沉积量是不一样的,如体重为 10 千克时,蛋白质的沉积量可占增重的 35%;体重在 50～60 千克时,此比例下降为 10%左右,脂肪沉积的比例明显上升。在羔羊的育成前期,增重速度快,每千克增重的饲料报酬高、成本低。育成后期(8 月龄以后)羊的生长发育仍未结束,对营养水平要求较高,日粮的粗蛋白质水平应保持在14%～16%(日采食可消化蛋白质 135～160 克)。育成期以后(1.5 岁)羊体重的变化幅度不大,随季节、草料、妊娠和产羔等不同情况有一定的增减,并主要表现为体脂肪的沉积或消耗。

2. 肥育的营养需要　肥育的目的就是要增加羊肉和脂肪等可食部分,改善羊肉品质。羔羊的肥育以增加肌肉为主,而对成年羊主要是增加脂肪。因此,成年羊的肥育对日粮蛋白质水平要求不高,只要能提供充足的能量饲料,就能取得较好的肥育效果。一般我国北方牧区在羊只屠宰前(1.5～2 个月)采用此方法。

二、营养物质与羊病防控

无论是碳水化合物、蛋白质、维生素还是微量元素,这些营养物质的缺乏和过量均会对羊的健康养殖产生直接或间接的影响。同时,这些营养物质之间的不平衡,还会导致疾病的发生。

(一)碳水化合物　碳水化合物是动物日粮的主要成分,在发情前后如果日粮能量水平高,则可增加排卵率,对妊娠早期胚胎的生存有不良影响。为了提高繁殖性能,对产后期母羊应供应较高的能量,以避免失重过多,但摄入的能量应该是逐渐增加的,否则会引起肥胖。

(二)蛋白质 蛋白质缺乏可以引起母羊初情期排卵延迟,空怀期加长,干物质摄入减少。此外,摄入足量的蛋白质对胎儿的生长发育也是必不可少的。动物对蛋白质的需要有两方面,一是需要容易利用的蛋白质以便为瘤胃微生物的生长和增殖提供必需的氮,二是动物机体需要由小肠消化的蛋白质提供营养。到达小肠的蛋白质的量和组成决定动物摄入蛋白质的能力。此外,饲喂高蛋白质饲料而使瘤胃中氨的含量增高,会对胚胎产生毒害作用,还可能对生育力有其他不良影响。

(三)维生素 羊日粮维生素的来源主要有 3 个方面,即从日粮中摄入、组织合成和瘤胃微生物合成。通常导致维生素缺乏的原因,一是由于饲料贮存时间过长而使其中的维生素丧失殆尽;二是长期舍饲或长期处于应激状态,使其组织合成的维生素减少。

维生素缺乏表现的症状见表 4-1。

表 4-1 维生素缺乏的表现症状

维生素 A	维生素 A 缺乏容易形成夜盲症,病羊表现畏光,视力减退,甚至完全失明。由于角膜增厚,结膜细胞萎缩,腺上皮功能减退,故不能保持眼结膜的湿润,而表现出眼干。在缺乏维生素 A 时,机体其他部分的上皮也会发生变化,如消化道及呼吸道黏膜上皮变性,分泌功能降低,引起骨骼发育不良,繁殖功能障碍,以及容易遭受传染病的侵害。另外,成年羊缺乏维生素 A 时,身体并不消瘦,故患有干眼症的羊,体况可能仍然很好
维生素 D	缺乏维生素 D 时会影响钙、磷代谢,病羊食欲不振,体质虚弱,四肢强直,被毛粗糙,羔羊多患佝偻病,成年羊骨质疏松、关节变形、易患骨软症。获得维生素 D 最经济的办法是让羊多晒太阳,因羊的皮肤和被毛上含有 7-氢胆固醇,经紫外线照射就能转化为维生素 D_3 而被机体吸收利用

续表 4-1

维生素 E	缺乏维生素 E 时,羔羊易患白肌病,公羊睾丸发育不良,精液品质差,母羊受胎率降低,发生流产或死胎。一般羔羊每千克日粮干物质中维生素 E 不应低于 $15\sim16$ 单位,成年羊一般日粮所含维生素 E 可满足需要。谷实胚芽等幼嫩青绿饲料中含维生素 E 较多,但在加工过程中易被氧化。维生素 E 的补充可使用 DL-α 生育酚醋酸酯
维生素 B$_1$	维生素 B$_1$ 缺乏时成年羊无明显表现症状,体温、呼吸正常,心跳缓慢,体重减轻,腹泻和排干粪球交替发生,粪球表面有一层黏液,常呈串珠状。病羔羊有明显的神经症状,主要为共济失调,步态不稳,有时转圈,无目的地乱撞,行走时摇摆,腹泻,厌食,脱水,常发生强直性痉挛和惊厥,颈歪斜,并呈僵硬状
维生素 B$_2$	缺乏维生素 B$_2$ 时表现生长缓慢,食欲不振,易于疲劳,皮炎,脱毛,腹泻,贫血,眼炎,蹄壳易于龟裂变形
维生素 B$_3$	维生素 B$_3$ 又称为烟酸。它在自然界分布较广泛,如在肝脏、卵黄、肉类、乳汁、酵母、谷物类(玉米除外)、青绿饲草等中含量较多。在羊瘤胃内由微生物群也能合成,故自然发生维生素 B$_3$ 缺乏症的很少
维生素 B$_5$	维生素 B$_5$ 又称为泛酸。缺乏维生素 B$_5$ 时表现脱毛、皮炎、腹泻、肾上腺皮质变性和因神经变性而出现运动障碍
维生素 B$_6$	幼小动物缺乏维生素 B$_6$ 时可使生长停滞,皮肤粗糙,应激性增加,可出现癫痫性痉挛
维生素 B$_{12}$	缺乏维生素 B$_{12}$ 时可使生长停滞,还可见到轻重不同的小红细胞性低色素性贫血,出现多染性红细胞和有核红细胞以及骨髓增生
维生素 C	机体维生素 C 缺乏会出现坏血症,此时毛细血管细胞间质减少、变脆,通透性增加,皮下、肌肉、黏膜出血,骨和牙齿容易折断和脱落,创口溃烂不易愈合。在一定程度上还可能降低生产性能

(四)微量元素　常见微量元素缺乏与过量的表现症状见表 4-2。

表 4-2　常见微量元素缺乏与过量的表现症状

钙、磷	缺 乏	会患佝偻病,成年羊会发生骨质疏松,甚至瘫痪。给妊娠后期和哺乳期母羊补喂钙、磷,对胎儿和羔羊的生长发育有利。病羊轻者主要表现为生长迟缓,异嗜,喜卧不活泼,卧地起立缓慢,往往出现跛行,行走步态摇摆,四肢负重困难,触诊关节有疼痛反应。病程稍长则关节肿大,以腕关节、跗关节、球关节较明显;长骨弯曲,四肢可以展开,形如青蛙。患病后期,病羔以腕关节着地爬行,躯体后部不能抬起;重症者卧地,呼吸和心跳加快
	过 量	由于各种矿物质元素之间的相互拮抗作用,畜、禽若摄入过多的钙、磷均会影响锌、镁、铜等其他矿物质元素的吸收和利用,从而引起代谢障碍或其他继发性功能异常
钠、氯	缺 乏	缺少钠、氯时容易导致生长减慢或失重,食欲减退,生产力下降,饲料转化率降低等。另外,可降低肌肉、神经的兴奋性,唾液分泌相对减少
	过 量	过量容易发生食盐中毒现象,表现为腹泻、口渴、频尿、步态不稳、抽搐等症状,严重时可导致死亡
镁	缺 乏	羊体内缺镁时,神经、肌肉兴奋性增高,发生痉挛、厌食、生长受阻等现象。羊采食的嫩青草中,镁吸收率较低,早春放牧且不补充镁时容易发生缺镁性痉挛,常称青草性痉挛,故早春放牧时应适当补充硫酸镁
	过 量	过量也可使羊中毒,表现为昏睡、共济失调、食欲下降、生产力下降,甚至死亡
硫	缺 乏	缺乏时产毛减少,羊毛强度和长度降低,可能会出现羊肠毒血症,利用纤维素的能力下降,食欲降低
钾	缺 乏	常食草的动物一般不会缺钾,但酒糟、甜菜渣中钾含量十分有限,用其大量饲喂羊只将有可能发生缺钾症状

续表 4-2

铁	缺　乏	缺铁首先引起缺铁性贫血或营养性贫血,表现为生长缓慢、昏睡、黏膜苍白,严重时甚至死亡。成年羊不易缺铁,因为代谢过程中的铁大部分可被重新吸收利用。但幼龄动物则不能再吸收利用,故羔羊容易缺铁
	过　量	畜、禽对过量的铁有一定的耐受性,但过多也会导致中毒现象,表现为腹泻和生长受阻
铜	缺　乏	当机体缺铜时,会减少铁的利用,造成贫血、消瘦、骨质疏松、皮毛粗硬、毛品质下降等。一般饲料中含铜较多,但缺铜地区土壤生长的植物含铜量较低,容易引起铜缺乏症。可用硫酸铜、氯化铜补充
	过　量	生产中如果羊只采食了过量的铜易造成铜中毒,产生严重的溶血症状。同时,过量的铜被排出体外,还会造成环境污染。日粮中铜过量也会引起中毒,尤其是羔羊,对过量铜的耐受力较差
钴	缺　乏	钴供应不足时会导致体内维生素 B_{12} 的缺乏,钴、铜、铁在体内主要参与造血功能,因此体内缺钴也可导致贫血。缺钴地区可通过在放牧地施用钴肥间接满足动物的需要
	过　量	各种动物对钴都有耐受性,但体内钴含量过多会产生中毒现象,羊只表现为食欲降低、消瘦、贫血等
锰	缺　乏	锰对羊的生长、繁殖和造血功能都有重要作用,严重缺锰时,可导致羔羊生长缓慢,骨组织损伤,形成弯曲、骨折和繁殖困难。锰在青绿饲料、米糠、麸皮中含量丰富,谷实及块根、块茎饲料中含量较低
锌	缺　乏	锌是构成动物体内多种酶的重要成分,参与脱氧核糖核酸的代谢作用,能影响性腺活动和提高性激素活动。锌还可防止皮肤干裂和角质化。日粮中缺乏锌时,羔羊生长缓慢,皮肤不完全角化,可见脱毛和皮炎,公羊睾丸发育不良。锌在青草、糠麸、饼粕类中含量较多,玉米和高粱中含锌量较少。饲喂高钙日粮易引起缺锌

续表 4-2

碘	缺 乏	缺乏碘时容易发生甲状腺肥大、增生,羔羊生长缓慢,体质较弱,死亡率增加。母羊容易流产,出现死胎或无毛羔羊
硒	缺 乏	缺硒会导致动物生长受阻,心肌、骨骼萎缩,肝细胞坏死,脾纤维化,出血、水肿、贫血、腹泻等一系列病理变化。另外,缺硒还明显影响繁殖性能
	过 量	硒摄入过量会出现慢性或急性中毒,慢性中毒表现为消瘦、贫血、被毛脱落、关节变形、采食量减少;急性中毒表现为失明、肺部充血、感觉迟缓等症状
水	缺 乏	水分不足会影响畜、禽的健康和生产性能,幼龄羊表现为生长停滞,成年羊表现为生长力下降。机体失水 8%时会出现严重干渴,丧失食欲,消化功能降低,黏膜干燥,眼窝下陷。失水 10%时就会引起代谢紊乱,失水 20%时就会引起死亡
	过 量	饮水过多会减少干物质的采食量,降低物理消化能力,维持能耗增加,另外还会对环境造成污染

第五章　季节、饲养环境与羊病防控

羊多数疾病的发生往往有一定的季节性,因此对羊季节性疫病的防控对养殖有重要作用。当然,季节性疫病的发生与饲养环境、羊舍的卫生防疫等也有着直接联系。

第一节　季节气候与羊病防控

一、春季羊的饲养管理与疫病防治

春季雨水多,温、湿度适宜,细菌繁殖速度快,容易导致羊发病,要特别注意。羊栏应勤除粪、勤换土、勤晒和勤换垫草,并不定期地用生石灰和草木灰对羊栏内吸潮消毒。羊外出放牧后,应将栏内门窗打开通风换气,排出栏内氨气和潮气,避免有害气体使羊的代谢功能减弱,妨碍羊体正常的血液循环和呼吸活动。羊放牧回舍后,应及时擦除羊体上的泥土,并特别注意对羊腿、羊蹄间泥土的清除,经常保持羊体的清洁卫生。另外,春季气温甚低,寒潮、冰冻对羊的健康威胁甚大,必须继续做好防寒保暖工作,确保羊的安全。春季给羊补喂的草料一般都是上年贮存的,由于贮存时间长,到春季使用时都有不同程度的霉变,羊采食后常会引起慢性或急性中毒。因此,要特别注意翻晒去霉或水洗去霉,避免羊病发生。有些幼嫩的豆科牧草和其他杂草、树叶等在春天萌发时,含有不同程度的有毒成分,羊放牧时常因贪青而不易分辨有毒植物或采食青草过量,从而发生有毒植物中毒或青草胀(特别是初放牧的

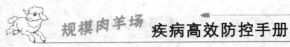

10 天内），务必随时加以防范。

要随时观察羊群变化，对瘦弱和生长较慢的羊只要分群饲养，多喂含蛋白质丰富的精饲料以及多汁饲料，以利瘦弱羊只增膘复壮。要尽量不喂发霉变质的草料，不饮沟湾和池塘里污浊的水，做到槽内无剩草、无剩水。羊只在放牧时，防止羊只吃毒草引起中毒，一旦发现羊只中毒，要立即用甘草 500 克、滑石 100 克、白糖 500 克煎水灌服解毒，或找兽医治疗。水槽内要经常贮有清洁饮水，供羊随时饮用，水中可加点食盐，但不宜过多。

羊舍要通风透光，并能遮挡日晒雨淋。羊床应高出地面 20 厘米以上，略倾斜，便于打扫粪、尿。每天都要把舍中的粪草清除干净，且要铺垫细沙、黄土或软草，便于羊卧地休息。饲槽要吊在圈外，以便清理和防止羊在槽内排泄。春季要对圈舍、用具等进行 1 次大清扫、大消毒。圈舍消毒可选用 2％热氢氧化钠溶液、30％热草木灰水、20％漂白粉混悬液或 20％石灰乳等。用具消毒可用 0.1％消毒净溶液、2％氢氧化钠溶液等。春季还应做好羊只防疫注射和驱虫工作。

二、夏季羊的饲养管理与疫病防治

夏季气候炎热，对舍饲肥育羊来说，舍内温度过高，易患热射病，加之蚊、蝇叮咬，一些传染病感染的机会有所上升，不利于舍饲肥育羊的增膘。因此，在夏季舍饲肥育羊应采取以下管理措施。

（一）遮阴防暑 羊为短日照动物，其生理功能都受日照变化的影响。夏季舍饲肥育羊应在四周通风的凉棚下进行饲喂、饮水和休息，避免太阳直晒和闷热。高温时羊为了维持体温的恒定，可通过物理性调节和化学性调节方式来减少产热量，增加散热量。机体主要依靠蒸发散热，而羊舍的高湿环境使蒸发散热受阻，同时还削弱了辐射散热的效果。因此，最好把羊放在有遮阴防暑措施的凉棚圈舍内饲养。对全封闭羊舍应打开所有门窗，以促进空气对流,必要时用电风扇进行换气和降温。

(二)注意羊舍环境卫生　羊舍内要保持干燥,每天及时清除羊舍内的粪、尿,保持肥育羊舍环境卫生清洁,不受污染。饲养管理不善、羊舍卫生条件差时容易感染传染病和寄生虫病。新购准备肥育的羊时,要注意羊有没有佩戴畜禽标识,有没有取得动物检疫合格证明,还要看羊只是否健康。无畜禽标识、无动物检疫合格证明的或不健康的羊不能买。在进行肥育前首先要制定预防疫病计划,根据本地羊群传染病流行情况选用羊梭菌五联疫苗、羊痘、口蹄疫灭活疫苗等进行预防接种。用阿维菌素、左旋咪唑等广谱驱虫药对羊只进行体内外驱杀寄生虫,并做好羊舍环境的消毒工作。

三、秋季羊的饲养管理与疫病防治

秋季牧草开花结籽,营养价值较高,是抓秋膘的良好时机,也是保证羊只安全越冬和避免翌年春乏的关键时期。因此,首先要保证母羊及时发情,保持中等以上膘情。秋季养羊要合理整群,增膘保胎。根据羊的年龄、性别、体质等情况进行合理调整。

母羊发情后要及时进行配种或进行人工授精,尽量做到全配全孕。对已妊娠的母羊,要加强管理,防流保胎。

春羔经秋肥后,如不留作种用,要及时趁秋肥时上市。凡久病不愈、体小瘦弱、生产性能低的羊只,也要在秋肥后淘汰。

秋季是收获的季节,百草成熟,营养丰富,但应强化免疫。尤其秋季是羊各种疾病多发和流行的高峰季节,可有计划地对羊快疫、结核病等开展免疫接种,以预防传染病的发生。

及时驱虫,驱除内寄生虫可选用丙硫苯咪唑,其具有高效、低毒、广谱的优点,对羊胃肠道线虫、肺丝虫、肝片吸虫和绦虫均有效,另外还可同时驱除混合感染的多种寄生虫,用量为 7 毫克/千克体重,将药物拌入饲料或溶于水中,一次口服,一般用药 1 次即可。驱除外寄生虫可选用 0.05% 蝇毒磷乳剂水溶液或 1% 敌百虫溶液等药物进行药浴,也可将羊放在大盆或大缸中逐只洗浴。

对羊舍要勤打扫,保持羊舍内干燥清洁,定期用2%氢氧化钠溶液、10%～15%生石灰溶液或3%来苏儿溶液等对羊圈内环境、用具、地面、粪便、污水等进行定期消毒,消灭外界环境中的病原,防止疫病发生。

入秋以后,天气逐渐转凉,清晨和傍晚草叶上常挂满露水珠,羊吃了这种草会引起瘤胃臌胀。玉米棒上收割下来的软皮,质软味甜,羊很喜欢吃,特别是饥饿时,常大口整片地吞咽。这种情况是非常危险的,因为玉米棒软皮中含有大量粗纤维,韧性特别强,不易咀嚼和消化,常在羊胃中积聚引起阻塞,时间长了会发酵、腐败、产气,并产生大量有毒物质,导致羊机体酸中毒死亡。

四、冬季羊的饲养管理与疫病防治

(一)备足草料 备足越冬草料,给羊补饲至关重要。此外,还应准备一些精饲料,增强补饲效果。

(二)适时组群 进入冬季前,羊群要进行组群。除对老弱羊进行适当淘汰外,要按羊的营养状况进行组群。另外,常有不少母羊在越冬期间产羔,应在母羊产羔前将其移入产羔室单独护理。初生羔羊经过一段时间的哺乳和适时训练后,要单独组织羔羊群,避免其随大群羊远距离放牧,可由专人负责,让羔羊群近距离放牧运动。母羊回圈后要赶入羔羊圈,不可与成年羊群同圈饲养。

(三)防寒保暖 入冬前对圈舍进行一次检查,修补漏洞,防止穿堂风和雨雪飘入,保证圈内温暖干燥。寒潮来时,应加厚垫料。此外,千万不能在羊圈内燃火升温,以防羊只因烟熏而患肺炎。

(四)做好卫生防疫 冬季要经常检查羊的圈舍,保持圈舍、垫料、饮水、草料的清洁卫生,必要时对圈舍进行彻底消毒。同时,养羊户要学会预防和治疗羊的主要疾病,抓好防疫工作。在初冬季节,羊身上易长羊虱,一旦发现,可用菜籽油、煤油混匀后涂于患处,每天 3～5 次,连用 3～4 天;也可取生猪油 100 克、生姜 150 克,混合捣烂涂擦羊体患处,1～2 次即可消除羊虱。

(五)加强饲养管理 ①根据不同的生理时期和生产需要分群饲养,保持羊群的合理结构。②调整日粮结构,保证羊只正常生长发育的需要。精饲料中要注意维生素和矿物质微量元素的添加,补足食盐或设盐砖让羊自由舔食,并饮足温水,千万不要饮用冷水或冰碴水;对妊娠母羊、有配种任务的种公羊和羔羊最好添加白萝卜、胡萝卜、甘薯等青绿多汁饲料。③羊舍要保持干燥卫生,注意保暖和通风,防止贼风的侵入,场地、用具等要经常消毒。水槽、饲槽要常清理,保持清洁卫生,防止二氧化碳、氨气等有害气体浓度过高。加强运动,最好每天中午前后将羊赶到舍外活动,进行日光浴及呼吸新鲜空气。

(六)健全防疫和驱虫制度 许多农户对羊的防疫灭病意识淡薄,认为羊的抗病能力强,防疫没有必要,驱虫白花钱,以致许多传染病和寄生虫病有机可乘,造成不必要的经济损失。要根据当地的实际情况,制订比较完善合理的防疫程序,有计划地进行防疫,常用疫苗有羊三联四防疫苗、羊痘疫苗、传染性胸膜肺炎疫苗等。所用疫苗应为正规厂家生产,要严格按照疫苗的使用说明进行注射,还要注意疫苗的保质期和运输要求,并注意对当地流行的传染病的预防接种。用广谱驱虫药进行有计划的驱虫,推广肌内注射或皮下注射代替口服药物驱虫。另外,避免到疫区引种,以免带来外源性疾病,造成传染病的发生和传播。

第二节 饲养环境与羊病防控

一、温 度

温度是影响羊病防控的主要环境因素之一,羊的产肉性能只有在一定的温度条件下才能充分发挥遗传潜力。温度过高或过低,都会使产肉水平下降,甚至使羊的健康和生命受到影响。温度过高超过一定界限时,羊的采食量随之下降,甚至停止采食;温度太低,羊吃进去的饲料全被用于维持体温,没有生长发育的余力,有的甚至掉膘。肉羊肥育的适宜温度决定于品种、年龄、生理阶段及饲料条件等多种因素,很难划出一个统一的范围。根据有关研究资料,我国细毛羊的抓膘气温为8℃～22℃,最适宜的抓膘气温为14℃～22℃;掉膘极端低温为-5℃以下,掉膘极端高温为25℃以上。冬季产羔舍内最低温度应保持在8℃,一般羊舍在0℃以上,夏季最高气温不要超过25℃。

温度过低或过高,会直接引起热应激和冷应激。

(一)热应激 热应激使繁殖力下降,引起胎儿死亡。热应激对围产期母羊及妊娠母体的功能都有着重要的影响。妊娠后期的热应即可以引起山羊子宫血液减少,胎盘重量减轻,胎儿生长迟缓。

导致热应激的原因有饮水减少、肥胖、运动以及在热的天气条件下疲劳。幼龄和老龄动物易患本病。

发病后的临床表现为繁殖力下降,母羊发情症状不明显,公羊性欲下降,出现异常精子。

预防本病应让动物保持凉爽,在夏季来临之前剪毛,长的阴囊毛也应当剪掉。采食的地方应该阴凉,向羊背上和羊圈地面上泼水。在饲料中洒水可提高采食量。在炎热潮湿的季节应该早晨放牧。让羊自由采食微量元素盐混合物和凉水,不要让羊只采食有毒植物(如野芹菜)。羊圈通风,屋顶应高、开放,以利于散热。

发病后可用冷水浸泡、冷水灌肠、用冰以及酒精擦身体的方法降低体温。病羊剪毛,非妊娠羊注射糖皮质激素(地塞米松1～2毫克/千克体重,静脉注射),保持正常的饮水量,如果羊体脱水大于10%,应静脉输液;如果脱水小于10%,可通过病羊自由饮水的方法来补充水分。将病羊放在阴凉、通风的地方。如果公羊精子异常明显,49~60天后应该复检。

(二)冷应激　冷应激可影响机体的内分泌,使甲状腺、肾上腺功能提高,而生殖系统活动减弱或停止,从而病羊表现不发情或不排卵。一旦环境改变或者母羊适应了当地的天气,生殖功能即可恢复正常。因此,在治疗及预防环境天气性不育时,应结合母羊的生活习性,给异地母羊创造适宜的条件,使其尽快适应当地天气。遇到天气骤变时,应注意饲养管理和检查发情,规模养殖场可采用必要的防暑防寒措施。

二、湿　度

空气湿度的大小,直接影响着绵羊、山羊体热的散发。

潮湿的环境有利于微生物的发育和繁殖,使羊易患疥癣、湿疹及腐蹄病等。羊在高温、高湿的环境中,散热更困难,往往引起体温升高、皮肤充血、呼吸困难,中枢神经因受体内高温的影响功能失调,最后致死。

在低温、高湿的条件下,羊易患感冒、神经痛、关节炎和肌肉炎等各种疾病。对羊来说,较干燥的空气环境对健康有利,试验研究结果表明,不同生产类型的绵羊对空气湿度的适应范围不同,细毛羊的适宜空气相对湿度为50%~75%,最适宜空气相对湿度为60%;粗毛羊分别为55%~80%和60%~70%;半细毛羊分别为50%~80%和60%~70%。在养羊生产中防潮是一个重要问题,必须从多方面采取综合措施。如羊场应修建在地势高燥的地方,羊舍的墙基和地面应设防潮层,及时排除粪、尿、污水以及勤换垫草等,保持羊舍内有干燥的空气。

三、光　照

光照对绵羊、山羊的生理功能,特别是繁殖功能具有重要的调节作用,而且对肥育也有一定影响。羊舍要求光照充足,采光系数成年羊为 1:15～25,高产羊为 1:10～12,羔羊为 1:15～20。

(一)光照不足或缺乏 对成年羊来说,光照不足或缺乏直接会造成繁殖力下降,后期会直接导致不孕不育。对于羔羊来说,光照不足或缺乏会直接导致佝偻病等代谢性疾病的发生,间接造成系列代谢病的发生。

(二)光照过量 光照的强度对肥育也有影响,一般来说,适当降低光照强度,可使增重提高 3%～5%,饲料转化率提高 4%。光照的时间也影响生长和肥育,据贾志海报道,对绒山羊分别给予16 小时光照、8 小时黑暗(长光照制度)和 16 小时黑暗、8 小时光照(短光照制度),结果在采食相同日粮情况下,短光照组山羊增重速度高于长光照组。

四、气 流

气流对绵羊、山羊的肥育有间接影响,在炎热的夏季,气流有利于对流散热和蒸发散热,对绵羊、山羊肥育有良好作用。此时,应适当提高舍内空气流动速度,加大通风量,必要时可辅以机械通风。冬季气流会增强羊体的散热量,加剧寒冷的影响。在寒冷的环境中,气流使绵羊、山羊能量消耗增多,进而影响肥育速度。而且年龄越小所受影响越严重。不过,即使在寒冷季节舍内仍应保持适当的通风,以利于将污浊气体排出舍外,气流速度以 0.1～0.2 米/秒为宜,最高不超过 0.25 米/秒。

第六章　规模羊场的生物安全措施

生物安全措施就是为阻断致病病原（病毒、细菌、真菌、寄生虫）侵入畜禽群体、为保证畜禽等动物健康安全而采取的一系列疫病综合防范措施，是较经济、有效的疫病控制手段。生物安全体系主要着眼于为畜禽生长提供一个舒适的生活环境，从而提高畜禽机体的抵抗力，同时尽可能地使畜禽远离病原体的攻击。目前，生物安全体系总体包括环境、投入品的监控以及兽医卫生防疫等几个方面。

第一节　羊场的隔离设施和设备

一、主要隔离消毒设施

没有良好的隔离消毒设施就难以保证有效的隔离和卫生，设置隔离消毒设施会加大投入，但减少疾病发生带来的收益将是长期的，要远远超过投入。隔离消毒设施主要包括隔离墙（或防疫沟）、消毒池、消毒室等。

二、兽　医　室

兽医室通常设在隔离区，包括兽药保存室和准备操作室。在建设时，兽药保存室和准备操作室尽量靠近。要求房屋布局合理，通风、采光良好，便于各种操作；室内具有上、下水管道和设施；具有能够承受一定负荷的电源；房屋内墙、地板应防水，便于消毒；操作台面要防水并耐酸、碱和有机溶剂等。

兽药保存室主要用于药品的存放,必须配备冰箱等低温和冷冻保存设备。5 000 只羊规模按 15～20 米^2 面积建造,尽量密闭,要有温度、湿度等控制设施。

准备操作室可根据养殖规模决定。5 000 只以上规模的养殖场,准备操作室可设置剖检间、样品保藏间、病原和血清检测间、洗涤消毒间、档案间等,每间建筑面积按 10～20 米^2 建造。5 000 只以下规模的肉羊养殖场,可在一间准备操作室内设置各个分区,按建筑面积 10～30 米^2 建造。

准备操作室必须配备的仪器设备有普通冰箱、冰柜、生物显微镜、高压灭菌器、消毒柜、手术器械及产科设备。选择配备酶标检测系统、培养箱、纯水生产系统、酸度计、水浴锅、电子天平、移液器等。

三、药浴设备

(一)药浴池 为了防治疥癣等外寄生虫病,每年要定期给羊群药浴。没有淋药装置或流动式药浴设备的羊场,应在不对人、畜、水源、环境造成污染的地点建药浴池。药浴池一般为长方形水沟状,用水泥筑成,池深 0.8～1 米,长 5～10 米,上口宽 0.6～0.8 米,底宽 0.4～0.6 米,以单羊通过而不能转身为宜。池的入口端为陡坡,方便羊只迅速入池。出口端为台阶式缓坡,以便浴后羊只攀登。

入口端设漏斗形贮羊圈,也可用活动围栏。出口设滴流台,以使浴后羊身上多余药液流回池内。装药液量应不能淹没羊的头部。贮羊圈和滴流台大小可根据羊只数量确定。但必须用水泥浇筑地面。在药浴池旁安装炉灶,以便烧水配药。在药浴池附近应有水源。

农户小型羊场药浴池一般可修建在羊舍周围,长度为 1～1.2

米,宽度 0.6～0.8 米,深度为 0.8 米。先按设计规格挖一个长方形坑,底部和四周分别用石板平铺,然后用水泥抹缝,也可用砖或石料铺底砌墙,用砂浆抹面。

(二)淋浴式药淋装置 羊固定式淋浴装置可同时容纳 100 只以上羊药浴,但对规模较大的羊场来说,羊群大规模移动,不利于防疫。羊移动式淋浴装置使用便利,在实际生产中效果也较好。

第二节 羊场的消毒

消毒是指运用各种方法消除或杀灭饲养环境中的各类病原体,减少病原体对环境的污染,切断疾病的传播途径,达到防止疾病发生、蔓延,进而达到控制和消灭传染病的目的。消毒主要是针对病原微生物和其他有害微生物,并不是消除或杀灭所有的微生物,只是要求把有害微生物的数量减少到无害化程度。

一、消毒的分类

(一)疫源地消毒 是指对存在或曾经存在过传染病的场所进行的消毒。场所主要指被病原微生物感染的羊群及其生存的环境如羊群、羊舍、用具等。一般可分为随时消毒和终末消毒 2 种方法。

(二)预防性消毒 对健康或隐性感染的羊群,在没有被发现有传染病或其他疾病时,对可能受到某种病原微生物感染羊群的场所环境、用具等进行的消毒,称为预防性消毒。如对养羊场附属部门如门卫室、兽医室等的消毒也属于此类型。

二、消毒方法

(一)物理消毒 包括过滤消毒、热力消毒(其中干热消毒包括焚烧、烧灼、红外线照射灭菌、干烤灭菌等;湿热消毒包括煮沸消毒、流通蒸汽消毒、巴氏消毒、低温蒸汽消毒、高压蒸汽灭菌等)、辐射消毒(包括紫外线照射消毒、电离辐射灭菌等)。常用的是热力消毒,其中煮沸消毒最常用,优点是简便、可靠、安全、经济。其中,常压蒸汽消毒是在101.325千帕下,用100℃的水蒸气进行消毒;高压蒸汽消毒具有灭菌速度快、效果可靠、穿透力强等特点;巴氏消毒主要用于不耐高温的物品,一般温度控制在60℃～80℃,如牛奶类温度控制在62.8℃～65.6℃,血清为56℃,疫苗为56℃～60℃。

(二)化学消毒 指用化学药品杀灭或消除外界环境中病原微生物或其他有害微生物的消毒方法。所使用的消毒剂按消毒程度可分为高效、中效、低效消毒剂3种。若按消毒剂的化学结构可分为醛类、酚类、醇类、季铵盐类、氧化剂类、烷基化气体类、含碘化合物类、双胍类、酸类、酯类、含氯化合物类、重金属盐类以及其他消毒剂等。常用的消毒剂有氢氧化钠、甲醛、克辽林(臭药水)、来苏儿(煤酚皂溶液)、漂白粉、新洁尔灭等。复合消毒剂有美国生产的农福(复合酚),国产的有菌毒杀、复合酚、菌毒净、菌毒灭、杀特灵等。

(三)生物消毒 生物消毒是利用某种生物杀灭或消除病原微生物的方法。发酵是消毒粪便和垃圾最常用的消毒方法。发酵消毒可分为地面泥封堆肥发酵法和坑式堆肥发酵法2种。

喷雾消毒即用规定浓度的次氯酸盐、有机碘化合物、过氧乙酸、新洁尔灭、煤酚等,进行羊舍、带羊环境、羊场道路和周围以及进入场区的车辆消毒;浸液消毒即用规定浓度的新洁尔灭、有机碘混合物或煤酚水溶液,洗手、洗工作服或对胶靴进行消毒;熏蒸消毒是指用甲醛等对饲喂用具和器械,在密闭的舍内或容器内进行熏蒸;喷洒消毒是指在羊舍周围、入口、产房和羊床下面撒生石灰或氢氧化钠进行消毒;紫外线消毒系指在人员入口处设立消毒室,在距地面2.5米左右的天花板上,安装紫外线灯,通常6～15米^3

空间用 1 支 15 瓦紫外线灯。用紫外线灯对污染物表面消毒时,灯管距污染物表面不宜超过 1 米,消毒时间在 30 分钟左右,消毒有效区为灯管周围 1.5～2 米。

三、消毒药物的选择

应选择对人和羊安全、无残留、不对设备造成破坏、不会在羊体内产生有害积累的消毒药,如石炭酸(酚)、煤酚、双酚、次氯酸盐、有机碘混合物(碘伏)、过氧乙酸、生石灰、氢氧化钠、高锰酸钾、硫酸铜、新洁尔灭、松馏油、酒精和来苏儿等。

羊场常用消毒药物见表 6-1。

表 6-1　羊场常用消毒药物

名　称		常用浓度	用　途
酒　精		75%	用于皮肤、手臂等消毒,主要用于工作人员
碘酊(或碘伏)		5%	注射时对羊体、皮肤的直接涂擦消毒
煤酚皂(来苏儿)		3%～5%	饲槽、用具、洗手消毒
新洁尔灭		0.1%	器械、用具的消毒
		0.5%～1%	手术时局部消毒
碱类消毒药	氢氧化钠(火碱)	1%～2%	发生疫病时场地、用具(金属用具除外)的消毒
	碳酸钠(纯碱)	4%	用于衣物、用具、羊舍、场所消毒
	石灰乳(1∶1)生石灰加水	10%～20%	用于羊舍墙壁、地面消毒
	草木灰(农家烧柴草的白灰)	20%～30%	用于羊舍、饲槽、用具消毒

续表 6-1

名　称		常用浓度	用　途
强氧化剂	过氧乙酸	0.2%～0.5%	对栏舍、饲槽、用具、车辆、食品车间地面及墙壁进行喷雾消毒
	高锰酸钾	0.1%	肠道疾病
		0.5%	皮肤、黏膜和创伤消毒
		4%	饲槽及用具消毒
有机氯消毒剂	消特灵、菌素净及漂白粉等		栏舍、饲槽及车辆等的消毒
复合酚(又名消毒灵、农乐等)			主要用于栏舍、设备、器械、场地的消毒,药效可维持 5～7 天
双链季铵酸盐类消毒药百毒杀			药效持续时间为 10 天左右,适合于饲养场地、栏舍、用具、饮水器、车辆的消毒
聚维酮碘(PVP-I,聚乙烯吡咯烷酮碘)			用于带羊环境消毒

四、消毒措施

(一)常规消毒管理

1. 清扫与洗刷　为了避免尘土及微生物飞扬,先用水或消毒液喷洒,然后再清扫。主要清除粪便、垫料、剩余饲料、灰尘及墙壁和顶棚上的蜘蛛网、尘土等。

2. 羊舍消毒　消毒液的用量为 1 升/米^3,泥土地面、运动场为 1.5 升/米^3 左右。消毒顺序一般从离门远处开始,按墙壁、顶棚、地面的顺序喷洒 1 遍,再从内向外将地面重复喷洒 1 次,关闭门窗 2～3 小时,然后打开门窗通风换气,再用清水清洗饲槽、水槽及饲养用具等。

3. 饮水消毒　羊的饮水应符合畜禽饮用水水质标准,对水槽内的水应每隔 3～4 小时更换 1 次,水槽和饮水器要定期消毒,为了杜绝疾病发生,有条件者可用含氯消毒剂进行饮水消毒。

4. 空气消毒 一般羊舍被污染的空气中微生物数量在每立方米 10 个以上,当清扫、更换垫草、出栏时更多。空气消毒最简单的方法是通风,其次是利用紫外线杀菌或用甲醛气体熏蒸。

5. 消毒池的管理 在羊场大门口应设置消毒池,长度不小于汽车轮胎的周长,即 2 米以上,宽度应与门的宽度相同,水深 10～15 厘米,内放 2%～3%氢氧化钠溶液或 5%来苏儿溶液和草酸。消毒液 1 周更换 1 次,北方在冬季可使用生石灰代替氢氧化钠。

6. 粪便消毒 通常有掩埋法、焚烧法及化学消毒法几种。掩埋法是将粪便与漂白粉或新鲜生石灰混合,然后深埋于地下 2 米左右处。对患有烈性传染病羊只的粪便进行焚烧,方法是挖 1 个深 75 厘米,长、宽各为 75～100 厘米的坑,在距坑底 40～50 厘米处加一层铁炉算子,对湿粪可加一些干草,用汽油或酒精点燃。而常用的粪便消毒方法是堆积密封发酵消毒法。

7. 污水消毒 一般污水量小,可拌洒在粪便中堆集发酵,必要时可用漂白粉按每立方米 8～10 克的用量搅拌均匀消毒。

(二)人员及其他消毒

1. 人员消毒 饲养管理人员应经常保持个人卫生,定期进行人兽共患病的检疫,并进行免疫接种,如卡介苗、狂犬病疫苗等。如发现患有危害羊及人的传染病者,应及时调离,以防传染。

饲养人员进入羊舍时,应穿专用的工作服、胶靴等,并对其定期消毒。工作服采取煮沸消毒的方法,胶靴用 3%～5%来苏儿溶液浸泡。工作人员在工作结束后,尤其在场内发生疫病时,工作完毕必须经过消毒后方可离开现场。具体消毒方法是:将穿戴的工作服、帽及器械物品浸泡于有效化学消毒液中。对于接触过烈性传染病的工作人员可采用有效抗生素预防治疗。平时的消毒可采用消毒药液喷洒法,无须浸泡。直接将消毒液喷洒于工作服、帽

上；工作人员的手及皮肤裸露处以及器械物品，可用蘸有消毒液的纱布擦拭，而后再用水清洗。

饲养人员除工作需要外，一律不准在不同区域或栋舍之间相互走动，工具不得互相借用。任何人不准带饭，更不能将生肉及含肉制品的食物带入场内。场内职工和食堂均不得从市场购肉，所有进入生产区的人员，必须坚持在场区门前踩踏3%氢氧化钠溶液池、更衣室更衣、消毒液洗手，条件具备时，要先沐浴、更衣，再经消毒后才能进入羊舍内。

场区禁止参观，严格控制非生产人员进入生产区，若因生产或业务需要，经兽医同意、场领导批准后更换工作服、鞋、帽，经消毒室消毒后方可进入。严禁外来车辆入内，若必须进入，车身须经全面消毒后方可入内。在生产区使用的车辆、用具，一律不得外出，更不得私用。

生产区不准养猫、养犬，职工不得将宠物带入场内，不准在兽医诊疗室以外的地方解剖尸体。建立严格的兽医卫生防疫制度，羊场生产区和生活区分开，入口处设消毒池，设置专门的隔离室和兽医室，做好发病时的隔离、检疫和治疗工作，控制疫病范围，做好病后的消毒净群等工作。当某种疫病在本地区或本场流行时，要及时采取相应的防治措施，并要按规定上报主管部门，采取隔离、封锁等措施。

长年定期灭鼠，及时消灭蚊、蝇，以防疾病传播。对于死亡羊的检查，包括剖检等工作，必须在兽医诊疗室内进行，或在距离水源较远的地方检查。剖检后的尸体以及死亡的尸体应深埋或焚烧。本场外出的人员和车辆，必须经过全面消毒后方可回场。运送饲料的包装袋，回收后必须经过消毒方可再利用，以防止污染饲料。

2. 饲料消毒　粗饲料要通风干燥，经常翻晒；青绿饲料要防止霉烂，最好当日割当日用；精饲料要防止发霉，经常晾晒，必要时

进行紫外线消毒。

3. 土壤消毒 消灭土壤中的病原微生物时,主要利用生物学和物理学方法。疏松土壤可增强微生物间的拮抗作用,使其受到紫外线充分照射。必要时可用漂白粉或 5%～10% 漂白粉澄清液、4% 甲醛溶液、1% 硫酸苯酚合剂溶液、2%～4% 氢氧化钠热溶液等进行土壤消毒。

4. 羊体表消毒 主要方法有药浴、涂擦、洗眼、点眼、阴道子宫冲洗等。

5. 医疗器械消毒 各种诊疗器械及用具在使用完毕后要及时消毒,尽量推广使用一次性医疗卫生器械,避免各种病原菌交叉传播。

6. 疫源地消毒 包括病羊舍、隔离场地、排泄物、分泌物及被病原微生物污染和可能污染的一切场所、用具和物品等,可使用 2%～3% 氢氧化钠溶液消毒。地面可撒生石灰消毒。

7. 发生疫病羊场的防疫措施 及时发现,快速诊断,立即上报疫情。确诊病羊,迅速隔离。如发现一类和二类传染病暴发或流行(如口蹄疫、痒病、蓝舌病、羊痘、炭疽等)应立即采取封锁等综合防疫措施。

对易感羊群进行紧急免疫接种,及时注射相关疫苗和抗血清,并加强药物治疗、饲养管理及消毒管理。提高易感羊群抗病能力。对已发病的羊只,在严格隔离的条件下,及时采取合理的治疗,争取早日康复,减少经济损失。

对污染的圈舍、运动场及病羊接触的物品和用具都要进行彻底消毒和焚烧处理。对传染病病死羊和淘汰羊严格按照传染病尸体的卫生消毒方法,进行焚烧后深埋。

另外,要加强对有关法规的学习。《畜禽产品消毒规范》(GB/T 16569—1996)规定了畜禽产品一般的消毒技术,《畜禽病害肉尸及其产品无害化处理规程》(GB 16548—1996)规定了畜禽病害肉尸及其产品的销毁、化制、高温处理和化学处理的技术规范。在养羊过程中要加强对这些法规的学习、掌握和应用,保证羊场健康发展。

五、注意事项

羊舍、羊圈及用具应保持清洁、干燥,每天清除粪便及污物,堆积制成肥料。饲草保持清洁干燥,不发霉腐烂,饮水要清洁。清除羊舍周围的杂物、垃圾,填平死水坑,消灭鼠、蚊、蝇。

羊舍清扫后消毒,常用消毒药有10%~20%石灰乳和10%漂白粉混悬液。产房在产羔前消毒1次,产羔高峰时进行多次,产羔结束后再进行1次。在病羊舍、隔离舍的出入口处应放置浸有消毒液的麻袋片或草垫,消毒液可用2%~4%氢氧化钠溶液(对病毒性疾病)或10%克辽林溶液。

地面消毒可用含2.5%有效氯的漂白粉混悬液、4%甲醛溶液或10%氢氧化钠混悬液。粪便消毒最实用的方法是生物热消毒法。污水消毒可将污水引入污水处理池,加入化学药品消毒。

第三节　羊场的生物安全制度

一、门卫制度

第一,场内工作人员进入场区时,在场区门前踩踏3%氢氧化钠(或石灰水)溶液池、更衣室更衣、消毒液洗手,消毒后才能进入场区。工作完毕,必须经过消毒后方可离开现场。

第二,非场内工作人员一律禁止进入场区,严禁参观场区。

第三,外来人员因生产或业务需要进入场区时,需经兽医同意、场长批准后更换工作服、鞋、帽,经消毒室消毒后方可进入。

第四,严禁外来车辆入内,若因生产或业务需要必须进入,则车身应经过全面消毒后方可入内。在生产区使用的车辆、用具，一律不得外出，更不得私用。

第五，如有不按门卫制度操作者，承担全部后果。

外来人员和车辆进出场区需按表 6-2 登记。

表 6-2　外来人员、车辆出入记录

时　间	姓　名	身份证号及地址	备　注

二、消毒制度

（一）消毒时间　每周六清扫圈舍后进行日常消毒；每月最后一个周六进行彻底消毒（大扫除）。

（二）消毒剂的选择　日常消毒可用生石灰、百毒杀或0.2%～0.5%过氧乙酸溶液按月交替使用；每月末的消毒可用 1%～2% 氢氧化钠溶液，消毒液的用量为 1 升/米^3，泥土地面、运动场为 1.5 升/米^3 左右。

（三）消毒人员职责　消毒由兽医总体负责，包括消毒药物的选择、用法及用量。圈舍、运动场的消毒由各饲养员具体操作；草料棚及周围由饲料生产人员操作；用具、道路等环境由兽医操作；办公区由门卫负责具体操作。

（四）消毒方法

1. 清扫与洗刷　羊场内灰尘较大时，先用水喷洒，然后再清扫。主要清除粪便、垫料、剩余饲料、灰尘及墙壁和顶棚上的蜘蛛网、尘土等。

2. 羊舍消毒 消毒顺序一般从距门远处开始,按墙壁、顶棚、地面的顺序喷洒 1 遍,再从内向外将地面重复喷洒 1 次,关闭门窗 2～3 小时,然后打开门窗通风换气,再用清水清洗饲槽及饲养用具等。

第四节 防虫和灭鼠工作

一、防 虫

(一)害虫的危害 在畜禽养殖业中,害虫大量存在会带来较大的危害。

1. 直接传播疾病 能够传播疾病的害虫很多,目前主要的致病害虫有蚊、苍蝇、蟑螂、白蛉、蠓、虻、蚋等吸血昆虫以及虱、蜱、螨、蚤和其他害虫等。它们通过直接叮咬传播疾病,如蚊可传播痢疾、流行性乙型脑炎、丝虫病、登革热、黄热病、马脑炎等,蝇可传播痢疾、伤寒、霍乱、脑脊髓炎、炭疽等,蟑螂可以传播肠道传染病、肝炎、念珠棘头虫病、美丽筒线虫病等。昆虫叮咬造成的局部损伤、奇痒、皮炎、过敏,会影响畜禽休息,降低其机体免疫功能。

2. 污染环境 害虫通过携带的病原微生物污染环境、器械、设备,特别是对饮水、饲料的污染,也会间接传播疫病。因此,杀灭这些害虫有利于保持畜禽养殖场环境卫生,减少疫病传播,保护人、畜健康。同时,也有利于提高消毒效果,因为有这些昆虫的大量存在和滋生,就不可能进行彻底的消毒。

(二)防虫灭虫的方法

1. 搞好养殖场环境卫生 保持环境清洁、干燥,是减少或杀灭蚊、蝇、蠓等昆虫的基本措施。如蚊虫需在水中产卵、孵化和发育,蝇蛆也需在潮湿的环境及粪便等废弃物中生长。因此,应填平无用的污水池、土坑、水沟和洼地。保持排水系统畅通,对阴沟、沟渠等定期疏通,勿使污水蓄积。对贮水池等容器加盖,以防昆虫如蚊、蝇等飞入产卵。对不能清除或加盖的防火贮水器,在蚊、蝇滋生季节,应定期换水。永久性水体(如鱼塘、池塘等),蚊虫多滋生在水浅而有植被的边缘区域,修整边岸,加大坡度和填充浅湾,能有效地防止蚊虫滋生。羊舍内的粪便应定时清除,并及时处理,贮粪池应加盖并保持四周环境的清洁。

2. 物理杀灭　利用机械方法以及光、声、电等物理方法,捕杀、诱杀或驱逐蚊、蝇。我国生产的多种紫外线光或其他光诱器,特别是四周装有电栅,通有将 220 伏变为 5 500 伏的 10 毫安电流的蚊蝇光诱器,效果良好。此外,还可以发出声波或超声波并能将蚊、蝇驱逐的电子驱蚊器等,都具有良好的防除效果。

3. 生物杀灭　利用天敌杀灭害虫,如池塘养鱼即可达到利用鱼类治蚊的目的。此外,应用细菌制剂——内毒素杀灭吸血蚊的幼虫,效果良好。

4. 化学杀灭　是使用天然或合成的毒物,以不同的剂型(粉剂、乳剂、油剂、水悬剂、颗粒剂、缓释剂等),通过不同途径(胃毒、触杀、熏杀、内吸等),毒杀或驱逐昆虫。化学杀虫法具有使用方便、见效快等优点,是当前杀灭蚊、蝇等害虫的较好方法。

(三)防虫灭虫的注意事项

1. 减少污染　利用生物或生物的代谢产物防治害虫,对人、畜安全,不污染环境,有较长的持续杀灭作用。如保护好益鸟、益虫等,充分发挥其天敌杀虫的作用。

2. 杀虫剂的选择　不同的杀虫剂有不同的杀虫谱,要有目的地选择。要选择高效长效、速杀、广谱、低毒无害、低残留和廉价的杀虫剂。

二、灭 鼠

(一)鼠的危害 鼠的危害主要有以下几点。

第一,鼠是许多疾病的储存宿主,通过排泄物污染、机械携带及直接咬伤畜、禽的方式,可传播多种疾病,主要有鼠疫、钩端螺旋体病、脑炎、流行性出血热、鼠咬热等。因此,鼠类不但传播人类各种传染病,而且直接或间接传播畜、禽传染病。为保证人类健康和发展畜禽养殖业,必须将灭鼠杀虫和养殖消毒结合起来。

第二,鼠盗食粮种,啃咬禾苗,糟蹋粮食和饲料;盗食树种,毁坏树苗,影响森林更新;鼠密度过大,能使草原荒漠化,影响载畜量;直接咬伤畜、禽,破坏畜、禽圈舍建筑等,对养殖业危害极大。另外,大量的鼠洞会破坏堤坝,造成严重的水灾,带来极大的经济损失。

第三,鼠可形成人或各种动物传染病的疫源地,造成人和动物疾病的流行。

(二)防鼠措施 鼠的生存和繁殖同环境和食物来源有直接的关系。如果环境良好,食物来源充足则鼠可以大量繁殖;如果采取某些措施,破坏其生存条件和食物来源则可控制鼠的生存和繁殖。

1. 防止鼠类进入建筑物 鼠类多从墙基、天棚、瓦顶等处进入室内,在设计施工时应注意。墙基最好用水泥浇筑,碎石和砖砌的墙基,应用灰浆抹缝。墙面应平直光滑,防鼠沿粗糙墙面攀登。砌缝不严的空心墙体,易使鼠隐匿营巢,要填补抹平。为防止鼠类爬上屋顶,可将墙角处做成圆弧形。墙体上部与天棚衔接处应砌实,不留空隙。瓦顶房屋应缩小瓦缝和瓦、椽间的空隙并填实。用砖、石铺设的地面,应衔接紧密并用水泥灰浆填缝。各种管道周围要用水泥填平。通气孔、地脚窗、排水沟(粪尿沟)出口均应安装孔径小于1厘米的铁丝网,以防鼠进入。舍外的老鼠往往会通过上、下水道和通风口处等的管道空隙进入舍内,因此对这些管道的空隙要及时堵塞,防止鼠的进入。圈舍和饲料仓库应是砖、水泥结构,设立防鼠沟,建好防鼠墙,门窗关闭严密,则老鼠无法打洞或进入。围栏及墙体抹光,堵塞孔隙。

2. 清理环境　鼠喜欢黑暗和杂乱的场所。因此,圈舍和加工厂等地的物品要放置整齐、通畅、明亮,使鼠不易藏身。圈舍周围的垃圾要及时清除,不能堆放杂物,任何场所发现鼠洞时都要立即堵塞。

3. 断绝食物来源　大量饲料应放置于饲料袋内,并置于距地面15厘米的台或架上,少量饲料应放在水泥结构的饲料箱或大缸中,并且要加盖金属盖,散落在地面的饲料要立即清扫干净,使老鼠无法接触到饲料,则鼠会离开圈舍;反之,鼠会集聚到圈舍取食。

4. 改造厕所和粪池　鼠可吞食粪便,这些场所极易吸引鼠。因此,应将厕所和粪池改造成使老鼠无法接近粪便的结构,同时也使鼠失去藏身躲避的地方。

(三)灭鼠措施

1. 器械灭鼠　器械灭鼠方法简单易行,效果可靠,对人、畜无害。灭鼠器械种类繁多,主要有夹、关、压、卡、翻、扣、淹、粘、电等。近年来还研究出电灭鼠和超声波灭鼠等方法,方法简便易行、效果确实、费用低、安全。

2. 熏蒸灭鼠　某些药物在常温下易气化为有毒气体或通过化学反应产生有毒气体,这类药剂通称熏蒸剂。利用有毒气体使鼠吸入而中毒致死的灭鼠方法称熏蒸灭鼠。

熏蒸灭鼠的优点是具有强制性,不必考虑鼠的习性;不使用粮食和其他食品,且收效快,效果一般较好;兼有杀虫作用;对畜、禽较安全。

缺点是只能在可密闭的场所使用;毒性大,作用快,使用不慎时容易中毒;用量较大,有时费用较高;熏杀洞内鼠时,需找洞、投药、堵洞,工效较低。本法使用有局限性,主要用于仓库及其他密闭场所的灭鼠,还可以灭杀洞内鼠。目前使用的熏蒸剂有两类,一类是化学熏蒸剂,另一类是灭鼠烟剂。

3. 毒饵灭鼠(化学灭鼠) 将化学药物加入饵料或水中使鼠致死的方法称为毒饵灭鼠。毒饵灭鼠效率高、使用方便、成本低、见效快,缺点是能引起人、畜中毒,有些老鼠对药剂有选择性、拒食性和耐药性。所以,使用时须选好药剂和注意使用方法,以保证安全有效。

灭鼠药剂种类很多,主要有灭鼠剂、熏蒸剂、烟剂、化学绝育剂等。养殖场的鼠类以孵化室、饲料库、圈舍中最多,是灭鼠的重点场所。投放毒饵时,机械化养殖场因实行笼养或栏养,只要防止毒饵混入饲料中即可。在采用全进全出制的生产程序时,可结合舍内消毒时一并进行。鼠尸应及时清理,以防被人、畜误食而发生二次中毒。选用鼠长期吃惯了的食物作饵料,突然投放,饵料应充足,分布广泛,以保证灭鼠的效果。

(四)灭鼠时的注意事项

1. 灭鼠时机和方法选择 要摸清鼠情,选择适宜的灭鼠时机和方法,做到高效、省力。一般情况下,4～5月份是各种鼠类的觅食、交配期,也是灭鼠的最佳时期。

2. 药物选择 灭鼠药物较多,但符合理想要求的较少,要根据不同方法选择安全、高效、允许使用的灭鼠药物,禁止使用的灭鼠剂(如氟乙酰胺、氟乙酸钠、毒鼠强、毒鼠硅、伏鼠醇等)、已停产或停用的灭鼠剂(如安妥、砒霜或白霜、灭鼠优、灭鼠安)、不再登记作为农药使用的消毒剂(如士的宁、鼠立死、硫酸铊)等,严禁使用。

另外,要注意人、畜安全。

第五节　羊场粪便的无害化处理

一、羊粪的处理

（一）发酵处理　即利用各种微生物的活动来分解粪便中的有机成分，有效提高有机物质的利用率。根据发酵微生物的种类可分为有氧发酵和厌氧发酵 2 类。

1. 充氧动态发酵　在适宜的温度、湿度以及供氧充足的条件下，好气菌迅速繁殖，将粪便中的有机物质分解成易被消化吸收的物质，同时释放出硫化氢、氨等气体。在 45℃～55℃条件下处理 12 小时左右，可生产出优质有机肥料和再生饲料。

2. 堆肥发酵处理　堆肥是指将富含氮有机物的畜粪与富含碳有机物的秸秆等，在好氧、嗜热性微生物的作用下转化为腐殖质、微生物及有机残渣的过程。堆肥过程中产生的高温（50℃～70℃），可使病原微生物和寄生虫卵死亡。炭疽杆菌致死温度为50℃～55℃，所需时间 1 小时，布鲁氏菌分别为 65℃和 2 小时。口蹄疫病毒在 50℃～60℃条件下迅速死亡，寄生蠕虫卵和幼虫在50℃～60℃条件下作用 1～3 分钟即可被杀灭。经过高温处理的粪便呈棕黑色，松软、无特殊臭味，不招苍蝇，卫生、无害。

3. 沼气发酵处理　沼气处理是厌氧发酵过程，可直接对粪水进行处理。其优点是产出的沼气是一种高热值可燃气体，沼渣是很好的肥料。经过处理的干沼渣还可作饲料。

（二）干燥处理

1. 脱水干燥处理　通过脱水干燥，使粪便中的含水量降低到15％以下，便于包装运输，又可抑制粪便中微生物的活动，减少养分（如蛋白质）的损失。

2. 高温快速干燥　采用以回转圆筒烘干炉为代表的高温快

速干燥设备,可在短时间(10分钟左右)内将含水率为70%的湿粪,迅速干燥至含水仅10%～15%的干粪。

3. 太阳能自然干燥处理 采用专用的塑料大棚,长度可达60～90米,内有混凝土槽,两侧为导轨,在导轨上安装搅拌装置。湿粪装入混凝土槽,搅拌装置沿着导轨在大棚内反复行走,通过搅拌板的正、反向转动来捣碎、翻动和推送粪便,并通过强制通风排除大棚内的水气,达到干燥粪便的目的。夏季只需1周左右的时间即可把粪便的含水量降至10%左右。

二、羊粪的利用

(一)用作肥料

1. 直接用作肥料 羊粪作为肥料首先根据饲料的营养成分和吸收率,估测粪便中的营养成分。另外,施肥前要了解土壤类型、成分及作物种类,确定合理的作物养分需要量,并在此基础上计算出羊粪施用量。

2. 生产有机无机复合肥 羊粪最好先经发酵后再烘干,然后与无机肥配制成复合肥。复合肥不但松软、易拌、无臭味,而且施肥后不再发酵,特别适合于盆栽花卉、无土栽培及庭院种植业。

(二)用作饲料 羊粪经过沼气池发酵后,沼渣和沼液可以用作鱼类的饲料,降低养鱼成本,提高养羊的养殖效益。

三、粪便无害化卫生标准

畜粪无害化卫生标准借助于卫生部制定的国家标准《粪便无害化卫生标准》(GB 7959—87),该标准适用于我国城乡垃圾、粪便无害化处理效果的卫生评价和为建设垃圾、粪便处理构筑物提供卫生设计参数。国家目前尚未制定出对于家畜粪便的无害化卫生标准,在此借鉴人的粪便无害化卫生标准来阐述对家畜粪便无害化处理的卫生要求。

标准中的粪便是指人体排泄物；堆肥是指以垃圾、粪便为原料的好氧性高温堆肥（包括不加粪便的纯垃圾堆肥和农村的粪便、秸秆堆肥）；沼气发酵是以粪便为原料，在密闭、厌氧条件下的厌氧性消化（包括常温、中温和高温消化）。经无害化处理后的堆肥和粪便，应符合国家的有关规定，堆肥温度达 50℃～55℃甚至更高，应持续 5～7 天，粪便中蛔虫卵死亡率为 95％～100％，粪便中大肠杆菌数为每克 10～10^2 个，可有效地控制苍蝇滋生，堆肥周围没有活动的蛆、蛹或新羽化的成蝇。沼气发酵的卫生标准是：密封贮存期应在 30 天以上，53℃±2℃的高温沼气发酵应持续 2 天，寄生虫卵沉降率在 95％以上，粪液中不得检出活的血吸虫虫卵和钩虫虫卵。

第六节　病羊尸体的无害化处理

一、销　毁

患传染病病羊的尸体内含有大量病原体，并可污染环境，若不及时做无害化处理，常可引起人、畜患病。对确认为是炭疽、羊快疫、羊肠毒血症、羊猝狙、肉毒梭菌中毒症、蓝舌病、口蹄疫、李氏杆菌病、布鲁氏菌病等传染病和恶性肿瘤或两个器官发现肿瘤的病羊的整个尸体，以及从其他病羊割除下来的病变部分和内脏都应进行无害化销毁，其方法是利用湿法化制和焚毁，前者是利用湿化机将整个尸体送入密闭容器中进行化制，即熬制成工业油。后者是整个尸体或割除下来的病变部分和内脏投入焚化炉中烧毁炭化。

二、化　制

除上述传染病外，凡病变严重、肌肉发生退行性变化的其他传染病、中毒性疾病、囊虫病、旋毛虫病以及自行死亡或不明原因死亡的羊的整个尸体或胴体、内脏,利用干化机,将原料分类,分别投入化制。

三、掩　埋

掩埋是一种暂时看作有效,其实极不彻底的尸体处理方法,但比较简单易行,目前还在广泛地使用。掩埋尸体时应选择干燥、地势较高,距离住宅、道路、水井、河流及牧场较远的偏僻地区。尸坑的长和宽以仅容纳尸体侧卧为度,深度应在 2 米以上。

四、腐　败

将尸体投入专用的尸体坑内进行腐败处理,尸坑一般为直径3 米、深 10～13 米的圆形井,坑壁与坑底用不透水的材料制成。

五、加热煮沸

对某些危害不是特别严重,而经过煮沸消毒后又无害的传染病病羊肉尸和内脏,切成重量不超过 2 千克、厚度不超过 8 厘米的肉块,进行高压蒸煮或一般煮沸消毒处理。但必须在指定的场所处理。对洗涤生肉的泔水等,必须经过无害化处理;熟肉绝不可再与洗过生肉的泔水以及菜板等接触。

第七节　病羊产品的无害化处理

一、血　液

(一)漂白粉消毒法　对患羊痘、山羊关节炎、绵羊梅迪-维斯纳病、弓形虫病、锥虫病等传染病以及血液寄生虫病的病羊血液的处理,是将 1 份漂白粉加入 4 份血液中充分搅拌,放置 24 小时后于专设掩埋废弃物的地点掩埋。

(二)高温处理 方法是将已凝固的血液切成豆腐样方块,放入沸水中烧煮,至血块深部呈黑红色并呈蜂窝状时为止。

二、蹄、骨和角

将肉尸做高温处理时剔出的病羊骨、蹄、角,放入高压锅内蒸煮至骨脱或脱脂时为止。

三、皮　毛

(一)盐酸食盐溶液消毒法 此法用于被上述疫病污染的和一般病羊的皮毛消毒。方法是用 2.5％盐酸溶液与 15％食盐水等量混合,将皮张浸泡在此溶液中,并使液温保持在 30℃左右,浸泡 40 小时,皮张与消毒液之比为 1∶10,浸泡后捞出沥干,放入 2％氢氧化钠溶液中,以中和皮张上的酸,再用水冲洗后晾干。也可按 100 毫升 25％食盐水中加入盐酸 1 毫升配制消毒液,在室温 15℃条件下浸泡 48 小时,皮张与消毒液之比为 1∶4。浸泡后捞出沥干,再放入 1％氢氧化钠溶液中浸泡,以中和皮张上的酸,再用水冲洗后晾干。

(二)过氧乙酸消毒法 此法可用于任何病畜的皮毛消毒。方法是将皮毛放入新鲜配制的 2％过氧乙酸溶液中浸泡 30 分钟捞出,用水冲洗后晾干。

(三)碱盐液浸泡消毒法 此法用于上述疫病污染的皮毛消毒。具体方法是将病皮浸入 5％碱盐液(饱和盐水内加 5％氢氧化钠)中,于室温(17℃～20℃)条件下浸泡 24 小时,并随时加以搅拌,然后取出挂起,待碱盐液流净,放入 5％盐酸溶液内浸泡,使皮上的碱被中和,捞出,用水冲洗后晾干。

(四)石灰乳浸泡消毒法 此法用于口蹄疫和螨病病皮的消毒。方法是将 1 份生石灰加 1 份水制成熟石灰,再用水配成 10％

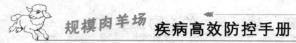

或 5％混悬液（石灰乳）。将口蹄疫病皮浸入 10％石灰乳中浸泡 2
小时，将螨病病皮浸入 10％石灰乳中浸泡 12 小时，然后取出晾
干。

（五）盐腌消毒法　主要用于布鲁氏菌病病皮的消毒。按皮张
重量的 15％加入食盐，均匀撒于皮张的表面。一般毛皮腌制 2 个
月，胎儿毛皮腌制 3 个月。

第八节　羊场污染物的排放及其监测

集约化养羊场（区）排放的废渣，是指养羊场向外排出的粪便、
羊舍垫料、废饲料及散落的羊毛等固体物质。恶臭污染物是指一
切刺激嗅觉器官，引起人们不愉快及损害生活环境的气体物质。
臭气浓度是指恶臭气体（包括异味）用无臭空气稀释到刚刚无臭时
所需的稀释倍数。最高允许排水量是指在养羊过程中直接用于生
产的水的最高允许排放量。

一、空气污染的调控

（一）大气中的污染物　大气中的污染物主要分为自然来源和
人为来源两大类。自然界的各种微粒、硫氧化物、各种盐类和异常
气体等，有时可造成局部的或短期的大气污染。人为来源有工农
业生产过程和人类生活排放的有毒、有害气体和烟尘，如氟化物、
二氧化硫、氮氧化物、一氧化碳、氧化铁微粒、氧化钙微粒、砷、汞、
氯化物、各种农药产生的气体等。石化燃料的燃烧，特别是化工生
产和生活垃圾的焚烧，是造成大气污染最主要的来源。燃烧完全
产物主要有二氧化碳、二氧化硫、二氧化氮、水蒸气、灰分（含有杂
质的氧化物或卤化物，如氧化铁、氟化钙）等。燃烧不完全产物有
一氧化碳、硫氧化物、醛类、碳粒、多环芳烃等。

（二）羊舍中的有害气体　集约化羊场以舍饲为主，羊的起居

和排泄粪尿都在羊舍内,产生有害气体和恶臭,往往造成舍内外空气污染,主要表现在空气中二氧化碳、水汽等增多,氮气、氧气减少,并出现许多有毒、有害成分,如氨气、硫化氢、一氧化碳、甲烷、酰胺、硫醇、甲胺、乙胺、乙醇、丙酮、2-丁酮、丁二酮、粪臭素和吲哚等。

　　舍内有害气体的气味可刺激人的嗅觉,产生厌恶感,故又称为恶臭或恶臭物质,但恶臭物质除了粪尿、垫料和饲料等分解产生的有害气体外,还包括皮脂腺和汗腺的分泌物、羊体的外激素以及黏附在体表的污物等,羊呼出二氧化碳也会散发出不同的难闻气味。

　　羊采食的饲料消化吸收后进入后段肠道(结肠和直肠),未被消化的部分被微生物发酵,分解产生多种臭气成分,具有一定的臭味。粪便排出体外后,粪便中原有的和外来的微生物和酶继续分解其中的有机物,生成的某些中间产物或终产物形成有害气体和恶臭。一般来说,臭气浓度与粪便中的氮、磷酸盐含量成正比。有害气体的主要成分是硫化氢、有机酸、酚、醛、醇、酮、酯、盐基性物质、杂环化合物、碳氢化合物等。

　　(三)空气污染的调控　合理确定羊场位置是防止工业有害气体污染和解决羊场有害气体对人类环境污染的关键。场址应选择城市的郊区、郊县,远离工业区、人口密集区,尤其是医院、动物产品加工厂、垃圾场等污染源。如某羊场正好处于发电厂煤烟走向的山沟里,结果造成 2 000 多只山羊因空气污染而生长停滞,发生空气氟中毒现象。

　　设法使粪尿迅速分离和干燥,可以降低臭气的产生。放牧情况下羊圈每 6～12 个月清理 1 次粪便。集约化羊场因饲养密度大,必须每日清理。

　　当 pH 值＞9.5 时,硫化氢溶解度提高,释放量减少;氨在 pH 值 7～10 时大量释放,pH 值＜7 时释放量大大减少,pH 值＜4.5 时几乎不释放。另外,保持粪床或沟内有良好的排水与通风,使排出的粪便及时干燥,可大大减少舍内氨和硫化氢等的产生。

应用添加剂可减少臭气、污染物数量。目前,常用的添加剂有微生态制剂、沸石、膨润土、海泡石、蛭石和硅藻土等。

二、水污染的调控

(一)水中微生物的污染 水中微生物的数量,在很大程度上取决于水中有机物的含量,水源被病原微生物污染后,可引起某些传染病的传播与流行。由于天然水的自净作用,天然水源偶然的一次污染,通常不会引起水的持久性污染。但是如果长期污染,就有可能造成流行病的传播。据报道,能够引起人类发病的传染病共有148种,其中有15种是经水传播的。主要的肠道传染病有伤寒、副伤寒、副霍乱、阿米巴痢疾、细菌性痢疾、钩端螺旋体病等。经水传播的病毒传染病,到目前为止已发现140种以上,主要有肠病毒(脊髓灰质炎、柯萨奇病毒,人肠道外细胞病毒)、腺病毒。养羊场被污水污染后,可引起炭疽、布鲁氏菌病、结核病、口蹄疫等疫病的传染。

(二)水中有机物质的污染 畜粪、饲料、生活污水等都含有大量的碳氢化合物、蛋白质、脂肪等腐败性有机物。这些物质在水中首先使水变浑浊。如果水中氧气不足,则好气菌可分解有机氮为氨、亚硝酸盐,最终为稳定的硝酸盐无机物。如果水中溶解氧耗尽,则有机物进行厌氧分解,产生甲烷、硫化氢、硫醇之类的恶臭,使水质恶化不适于饮用。又由于有机物分解的产物是优质营养素,使水生生物大量繁殖,更加大了水的浑浊度,消耗水中氧气,产生恶臭,威胁贝类、藻类的生存。因此,当有机物排放到水中时,要求水中应有充足的氧以对其进行分解,所以也可按水中的溶解氧量,决定所允许的污染物排放量。

(三)水的沉淀、过滤与消毒 羊场大都处于农村和远郊,一般无自来水供应,大部分采用自备井供水。其深度差别较大,污染程度也有所不同,通常需进行消毒。地面水一般比较浑浊,细菌含量较多,必须采用普通净化法(混凝沉淀及沙滤)和消毒法来改善水质。地下水较为清洁,一般只需消毒处理。有的水源较特殊,则应采用特殊处理法(如除铁、除氟、除臭、软化等)。

1. 混凝沉淀　水中较细的悬浮物及胶质微粒,不易凝集沉降,故必须加入明矾、硫酸铝和铁盐(如硫酸亚铁、三氯化铁等)混凝剂,使水中极小的悬浮物及胶质微粒凝聚成絮状物而加快沉降,称为混凝沉淀。

2. 沙滤　是把浑浊的水通过沙层,使水中悬浮物、微生物等阻留在沙层上部,水即得到净化。集中式给水的过滤,一般可分为慢沙滤池和快沙滤池2种。目前,大部分自来水厂采用快沙滤池,而简易自来水厂多采用慢沙滤池。分散式给水的过滤,可在河或湖边挖渗水井,使水经过地层自然滤过。如能在水源和渗水井之间挖一沙滤沟,或建筑水边沙滤井,则能更好地改善水质。

3. 消毒　饮水消毒的方法很多,如氯化法、煮沸法、紫外线照射法、臭氧法、超声波法、高锰酸钾法等。目前,应用最广泛的是氯化消毒法,因为此法杀菌力强、设备简单、使用方便、费用低。消毒剂的用量,除满足在接触时间内与水中各种物质作用所需要的有效氯量外,还应该使水在消毒后有适量的剩余氯,以保证持续的杀菌能力。

氯化消毒用的药剂为液态氯和漂白粉。集中式给水的加氯消毒,主要用液态氯。小型水厂和分散式给水多用漂白粉。漂白粉易受空气中二氧化碳、水分、光线和高温等影响而发生分解,使有效氯含量不断减少。因此,须将漂白粉装在密塞的棕色瓶内,放在低温、干燥、阴暗处。

(四)水污染物的排放标准　集约化养羊场(区)的废水不得排入敏感水域和有特殊功能的水域。排放去向应符合国家和地方的有关规定。

1. 排放标准 采用水冲工艺的羊场,最高允许排水量为:每天每 100 只羊排放水污染物冬季为 $1.1 \sim 1.3$ 米^3,夏季为 $1.4 \sim 2$ 米^3。采用干清粪工艺的羊场,最高允许排水量每天每 100 只羊冬季为 1.1 米^3,夏季为 1.3 米^3。集约化养羊场水污染物最高允许日均排放浓度 5 日生化需氧量为 150 毫克/升,化学需氧量为 400 毫克/升,悬浮物为 200 毫克/升,氨氮为 80 毫克/升,总磷(以磷计)为 8 毫克/升,粪大肠杆菌数为 10 000 个/升,蛔虫卵为 2 个/升。

2. 废渣的固定贮存设施和场所 贮存场所要有防止粪液渗漏、溢流的措施。用于直接还田的畜粪须进行无害化处理。禁止直接将废渣倾倒入地表水或其他环境中。粪便还田时,不得超过当地的最大农田负荷量,避免因农田面源污染而造成地下水的污染。

三、土壤中的矿物质与微生物

土壤是羊生存的重要环境,但随着现代养羊业向舍饲化方向的发展,其直接影响越来越小,而主要通过饮水和饲料等间接影响羊的健康和生产性能。

羊体中的矿物元素主要从饲料中获得,土壤中某些元素的缺乏或过多,往往通过饲料和水引起羊的地方性营养代谢疾病。例如,土壤中钙和磷的缺乏可引起羊的佝偻病和骨软症;缺镁则导致羊体物质代谢紊乱、异嗜,甚至出现痉挛症;宁夏回族自治区盐池县为高氟地区,常发生慢性氟中毒现象。

土壤中的细菌大多是非病原性杂菌,如丝状菌、酵母菌、球菌以及硝化菌、固氮菌等。土壤深层中多为厌氧性菌。土壤的温度、湿度、pH 值、营养物质等不利于病原菌生存。但富含有机质或被污染的土壤,或抗逆性较强的病原菌,都可能长期生存下来,如破伤风梭菌和炭疽杆菌在土壤中可存活 $16 \sim 17$ 年甚至更长时间,布鲁氏菌可生存2个月,沙门氏菌可生存12个月。土壤中非固有的病原菌如伤寒菌、大肠杆菌等,在干燥地方可生存2周,在湿润地方可生存2~5个月。各种致病性寄生虫的幼虫和卵,原生动物如蛔虫、钩虫、阿米巴原虫等,在低洼地、沼泽地生存时间较长,常成为羊寄生虫病的传染源。

集约化养羊场经无害化处理后的废渣,蛔虫死亡率要大于95%,粪大肠杆菌数小于每千克10万个,恶臭污染物排放的臭气浓度应为70,并通过粪便还田或其他措施对所排放物进行综合利用。

污染物项目监测的采样点和采样频率应符合国家监测技术规范的要求。监测污染物时生化需氧量采用稀释与接种法;化学需氧量的测定用重铬酸钾法;悬浮物的测定用重量法;氨氮的测定用纳氏试剂比色法,水杨酸的测定用分光光度法;总磷的测定用钼蓝比色法;粪大肠菌群数的测定用多管发酵法;蛔虫卵的测定用吐温-80柠檬酸缓冲液离心沉淀集卵法;蛔虫卵死亡率的测定用堆肥蛔虫卵检查法;寄生虫卵沉降率用粪稀蛔虫卵检查法,臭气浓度的测定用三点式比较臭袋法。

第七章 规模羊场的保健与疫病监测技术

羊的保健是羊健康高效养殖的保证。羊的卫生保健受养殖环境、羊自身状况(包括健康状况、年龄、性别、抗病力、遗传因素等)、外界致病因素及气候、环境等因素的影响。羊从生产到出售,要经过出入场检疫、收购检疫、运输检疫和屠宰检疫。

第一节 羊的保健

一、药 浴

羊在剪毛后 10~15 天应及时组织药浴,以防疥癣病的发生。如间隔时间过长,则毛长不易洗透。药浴使用的药剂有 0.05% 辛硫磷乳油、1% 敌百虫溶液、80~200 毫克/升氰戊菊酯溶液、50~80 毫克/升溴氰菊酯溶液。也可用石硫合剂,其配方是:生石灰 7.5 千克,硫黄粉末 12.5 千克,用水拌成糊状,加水 300 升,边煮边搅拌,煮至浓茶色为止,沉淀后取上清液加温水 1000 升即可。

药浴分池浴、淋浴和盆浴 3 种。池浴在专门建造的药浴池进行,最常见的药浴池为水泥沟形池,药液的深度以没及羊体为原则,羊出浴后在滴流台上停留 10~20 分钟。淋浴在特设的淋浴场进行,淋浴时把羊赶入,开动水泵喷淋,经 3 分钟淋透全身后关闭,将淋过的羊赶入滤液栏中,经 3~5 分钟后放出。盆浴在大盆或缸中进行,用人工方法对羊逐只洗浴。

药浴前 8 小时给羊停止喂料,药浴前 2~3 小时给羊饮足水,以防止羊喝入药液。药浴应选择暖和无风天气进行,以防羊只受凉感冒,浴液温度保持在 30℃ 左右。先浴健康羊,后浴病羊。药浴后 5～6 小时可转入正常饲养。第一次药浴后 8～10 天可重复药浴 1 次。

二、驱　虫

(一)药物选择　驱虫药物可用阿维菌素或伊维菌素、阿苯达唑,均按体重计算用量。或用阿苯达唑＋盐酸左旋咪唑,其中阿苯达唑用量为 10 毫克/千克体重,盐酸左旋咪唑用量为 8 毫克/千克体重。

(二)驱虫时间和方法　在 3～10 月份,每隔 1.5～2 个月拌料驱虫 1 次。羔羊在 1 月龄时驱虫 1 次,隔 15 天再驱 1 次,用法、用量按各药品说明书计算(表 7-1)。

表 7-1　羊的驱虫时间和药物用量　(仅供我国中部地区肉羊参考)

次　数	时　间	药　物	用量及备注
第一次	2 月 15 日	阿苯达唑	10 毫克/千克体重
第二次	4 月 1 日	左旋咪唑	8 毫克/千克体重
第三次	5 月 15 日	阿苯达唑	10 毫克/千克体重
第四次	7 月 1 日	阿苯达唑	10 毫克/千克体重
第五次	8 月 15 日	左旋咪唑	8 毫克/千克体重
第六次	10 月 1 日	阿苯达唑	10 毫克/千克体重

注:妊娠母羊另外执行。如遇到天气变化等情况,时间的前后变更控制在 1 周之内。

(三)注意事项　羊驱虫往往是成群进行,在查明寄生虫种类的基础上,应根据羊的发育状况、体质、季节特点等用药。羊群驱虫应先做小群试验,使用新驱虫剂或新驱虫法时更应如此,然后再大群推行。

三、修　蹄

羊蹄壳生长较快,如不整修,易造成畸形,系部下坐,行走不便而影响采食。所以,绵羊在剪毛后和进入冬牧前宜进行修蹄。

修蹄一般在雨后进行,这时蹄质软,易修剪。修蹄时让羊坐在地上,羊背部靠在修蹄人员的两腿间,从前蹄开始,用修蹄剪或快刀将过长的蹄尖剪掉,然后将蹄底的边缘修整的与蹄底平齐。蹄底修到可见淡红色的血管为止,不要修剪过度。整形后的羊蹄,蹄底平整,前蹄是方圆形。变形蹄需多次修剪,逐步校正。

为了避免羊发生蹄病,平时应注意休息场所的干燥和通风,勤打扫和勤垫圈,或撒草木灰于圈内和门口,进行消毒。如发现蹄趾间、蹄底或蹄冠部皮肤红肿,羊只跛行甚至羊蹄分泌臭味的黏液,应及时检查治疗。轻者可用 10% 硫酸铜溶液或 10% 甲醛溶液洗蹄 1～2 分钟,或用 5% 来苏儿溶液洗净蹄部并涂以 0.5% 碘酊。

四、剪　毛

羊毛是绵羊的主要副产品,每年春季 5～6 月份都要进行 1 次剪毛。细毛羊、半细毛羊一般每年剪 1 次毛,粗毛绵羊每年可剪 2 次,除春季外,9～10 月份再剪 1 次。在天气比较炎热的地区,每年可以剪毛 3 次,分别在 3 月份、6 月份和 10 月份各剪 1 次。

羊的剪毛分为机械剪毛和手工剪毛。大规模和集约化程度高的牧场通常采用机械剪毛,速度快,省工省时;规模小的羊场采用手工剪毛仍较为普遍。

手工剪毛时,剪毛前要准备好剪刀、磨刀石、席子、麻绳和 2% 碘酊,育种场还要做好称量和记录。

空腹剪毛比较安全,剪毛羊不放牧、不补饲和饮水。剪毛一般都选择在无风晴天的上午进行。剪毛时,先用绳子把羊左侧前后肢捆住,使羊左侧卧地。剪毛人员蹲在羊的背后,由羊后肋向前肋直线开剪,然后按此平行方向剪腹部及胸部的毛,再剪前后腿毛,一直把羊的半身毛剪完。再用同样方法剪另一侧的毛。剪毛时,剪刀要放平,紧贴羊的皮肤,以便使毛茬留得短而整齐。若剪得不整齐,不要再剪。剪下来的毛被应当堆在一起,成为一整张套毛,便于分级。在剪毛过程中要注意不要剪破皮肤,一旦剪破,要涂以2%碘酊消毒,以防感染。

五、抓 绒

山羊绒是绒山羊的主要产品,每年4~5月份是山羊的抓绒季节。

绒山羊的毛被分为外层和内层两层毛。外层毛长而粗,称为粗毛,没有什么经济价值。内层毛细而柔软,称为绒毛,山羊绒是价值较高的精纺原料。

绒山羊一般是先抓绒,后剪毛。有些地方为便于抓绒,在抓绒前先把外层粗毛毛梢剪掉,然后再抓绒,抓绒后是否剪毛视情况而定。

不同地区气候条件有差异,抓绒的时间略有不同,一般从南到北或从平原到山区抓绒时间略有推迟。同一品种不同性别绒脱落时间也不相同,一般母羊比公羊脱落早。

一般情况下,4月上旬当天气变暖时,绒山羊的绒毛逐渐开始脱落。此时,当拨开毛被发现绒毛脱离皮板时,即是抓绒的适宜时间。

抓绒时,要用专门抓绒的铁梳子(一种是稀梳,另一种是密梳)抓绒。先将要抓绒的羊捆好,抖掉羊身上的草屑、粪便和沙土,然后用稀梳顺毛由羊的颈、肩、胸、背、腰及肥肉的部位梳一遍,再用密梳抓一遍,最后用密梳逆着毛再抓一遍。抓绒时梳子要贴近皮肤,用力均匀。同一个体不同部位绒毛脱落时间并不一致,为保证绒抓得干净,不造成损失,一般在第一次抓绒后相隔2周再抓1次。

为保证抓绒时的安全,抓绒时羊要禁食12小时以上。对妊娠后期母羊抓绒时要格外注意,以免动作过大引起流产。

　　绒的颜色不同,经济价值也不同,在抓绒前要把羊群按绒的颜色分开,通常分为白绒、青绒和紫绒。

　　羊在剪毛和抓绒后,根据天气情况在7～10天后进行药浴。

六、断　尾

　　为了保持羊毛的清洁,防止发生寄生虫病,有利于母羊配种,羔羊出生后1周左右即可断尾,身体瘦弱的,或天气过冷时,可适当延长。断尾最好在晴天的早上进行,不要在阴雨天或傍晚进行。

　　断尾的方法:①热断法。需要一个特制的断尾铲和2块20厘米见方的两面钉上铁皮的木板。一块木板的下方,凿一个半圆形的缺口,断尾时把尾巴正压在半圆形的缺口里。这块木板不但用来压住尾巴,而且断尾时可防止灼热的断尾铲烫伤羔羊的肛门和睾丸。另一块木板断尾时衬在板凳上面,以免把凳子烫坏。断尾时需两人配合,一人保定羔羊,一人在距尾根4厘米处(第三、第四尾椎之间),用带有半圆形缺口的木板把尾巴紧紧压住,把灼热的断尾铲放在尾巴上稍微用力往下压,即将尾巴断下。切的速度不宜过快,否则不易止血。断下尾巴后若仍出血,可用热铲烫一烫,然后用5%碘酊消毒。②结扎法。用橡皮筋在第三、第四尾椎之间紧紧扎住,断绝血液流通,下端的尾巴10天左右即可自行脱落。

第二节　　羊的防疫

　　当地畜牧兽医行政管理部门应根据《中华人民共和国动物防疫法》及其配套法规的要求,结合当地实际情况,制订疫病的免疫规划。羊饲养场根据免疫规划制订本场的免疫程序,并认真实施,注意选择适宜的疫苗和免疫方法。

一、羔羊常用免疫程序

羔羊的免疫力主要从初乳中获得,在羔羊出生后 1 小时内应保证其吃到初乳。对 15 日龄以内的羔羊,疫苗主要用于紧急免疫,一般暂不注射。羔羊常用疫苗和使用方法见表 7-2。

表 7-2　羔羊常用疫苗和使用方法

时　间	疫苗名称	剂　量	方　法	备　注
出生 12 小时内	破伤风抗毒素	1 毫升/只	肌内注射	预防破伤风
16～18 日龄	羊痘弱毒疫苗	1 头份/只	尾根内侧皮内注射	预防羊痘
23～25 日龄	三联四防疫苗	1 毫升/只	肌内注射	预防羔羊痢疾(魏氏梭菌病、羊黑疫)、羊猝狙、羊肠毒血症、羊快疫
1 月龄	羊传染性胸膜肺炎氢氧化铝疫苗	2 毫升/只	肌内注射	预防羊传染性胸膜肺炎

二、成年羊常用免疫程序

羊的免疫程序和免疫内容,不能照抄、照搬,而应根据各地具体情况制定。羊接种疫苗时要详细阅读说明书,查看有效期,记录生产厂家和批号,并严防接种过程中通过针头传播疾病。

经常检查羊只的营养状况,要适时进行重点补饲,防止营养物质缺乏,尤其对妊娠、哺乳母羊和育成羊更显重要。严禁饲喂霉变饲料、毒草和喷过农药不久的牧草。禁止羊只饮用死水或污水,以减少病原微生物和寄生虫的侵袭,羊舍要保持干燥、清洁、通风。

根据本地区常发传染病的种类及当前疫病流行情况,制订切实可行的免疫程序。按免疫程序进行预防接种,使羊只从出生到淘汰都可获得特异性抵抗力,增强羊只对疫病的抵抗力。

　　成年羊常用疫苗和使用方法见表 7-3。

表 7-3　成年羊常用疫苗和使用方法

疫苗名称	预防疫病种类	免疫剂量	注射部位
春季免疫			
三联四防灭活疫苗	羊快疫、羊猝狙、羊肠毒血症、羔羊痢疾	1 头份/只	皮下或肌内注射
羊痘弱毒疫苗	羊痘	1 头份/只	尾根内侧皮内注射
羊传染性胸膜肺炎氢氧化铝疫苗	羊传染性胸膜肺炎	1 头份/只	皮下或肌内注射
羊口蹄疫疫苗	羊口蹄疫	1 头份/只	皮下注射
秋季免疫			
三联四防灭活疫苗	羊快疫、羊猝狙、羊肠毒血症、羔羊痢疾	1 头份/只	皮下或肌内注射
羊传染性胸膜肺炎氢氧化铝疫苗	羊传染性胸膜肺炎	1 头份/只	皮下或肌内注射
羊口蹄疫疫苗	羊口蹄疫	1 头份/只	皮下注射

　　注:1. 本免疫程序仅供生产中参考。

　　　2. 每种疫苗的具体使用以生产厂家提供的说明书为准。

三、免疫时应注意的事项

　　第一,要了解被预防羊群的年龄、妊娠、泌乳及健康状况,体弱或患病的羊预防后可能会引起各种反应,应向预防工作人员说明清楚,或暂时不免疫。

　　第二,对 15 日龄以内的羔羊,除紧急免疫外,一般暂不免疫。

第三，预防注射前，对疫苗有效期、批号及生产厂家应注意记录，以便备查。

第四，对预防接种用的针头，应做到一只一换。

第三节　羊病检疫和疫病控制

羊从出生到出售，要经过出入场检疫、收购检疫、运输检疫和屠宰检疫。羊场或养羊专业户引进羊时，只能从非疫区购入，经当地兽医检疫部门检疫，并签发检疫合格证明书。运抵目的地后，再经本场或专业户所在地兽医验证、检疫并隔离观察1个月以上，确认为健康者，经驱虫、消毒，没有注射过疫苗的还要补注疫苗，方可混群饲养。羊场采用的饲料和用具，也要从安全地区购入，以防疫病传入。

一、疫病监测

当地畜牧兽医行政管理部门必须依照《中华人民共和国动物防疫法》及其配套法规的要求，结合当地实际情况，制订疫病监测方案，由当地动物防疫监督机构实施，羊饲养场应积极予以配合。

羊饲养场常规监测的疾病至少应包括口蹄疫、羊痘、蓝舌病、炭疽、布鲁氏菌病。同时，需注意监测外来病的传入，如痒病、小反刍兽疫、梅迪-维斯纳病、山羊关节炎-脑炎等。除上述疫病外，还应根据当地实际情况，选择其他一些必要的疫病进行监测。

根据实际情况由当地动物防疫监督机构定期或不定期对羊饲养场进行必要的疫病监督抽查，并将抽查结果报告当地畜牧兽医行政管理部门，必要时还应反馈给羊饲养场。

二、发生疫病羊场的防疫措施

及时发现，快速诊断，立即上报疫情。确诊病羊，迅速隔离。

如发现一类和二类传染病暴发或流行(如口蹄疫、痒病、蓝舌病、羊痘、炭疽等),应立即采取封锁等综合防疫措施。

对易感羊群进行紧急免疫接种,及时注射相关疫苗和抗血清,并加强药物治疗、饲养管理及消毒管理,提高易感羊群抗病能力。对已发病的羊只,在严格隔离的条件下,及时采取合理的治疗,争取早日康复,减少经济损失。

对污染的圈舍、运动场及病羊接触的物品和用具都要进行彻底的消毒和焚烧处理。对传染病病死羊和淘汰羊严格按照传染病羊尸体的卫生消毒方法,进行焚烧后深埋。

三、疫病的控制和扑灭

立即封锁现场,驻场兽医应及时进行诊断,并尽快向当地动物防疫监督机构报告疫情。

确诊发生口蹄疫、小反刍兽疫时,羊饲养场应配合当地动物防疫监督机构,对羊群实施严格的隔离、扑灭措施。

发生痒病时,除了对羊群实施严格的隔离、扑杀措施外,还需追踪调查病羊的亲代和子代。

发生蓝舌病时,应扑杀病羊;如只是血清学反应呈现抗体阳性,并不表现临床症状时,需采取清群和净化措施。

发生炭疽时,应焚毁病羊,并对可能的污染点彻底消毒。

发生羊痘、布鲁氏菌病、梅迪-维斯纳病、山羊关节炎-脑炎等疫病时,应对羊群实施清群和净化措施。

全场进行彻底的清洗消毒,病死或淘汰羊的尸体按《畜禽病害肉尸及其产品无害化处理规程》(GB 16548—1996)进行无害化处理。

四、防疫记录

每群羊都应有相关的生产记录,其内容包括:羊只来源,饲料消耗情况,发病率、死亡率及发病死亡原因,无害化处理情况,实验

室检查及其结果，用药及免疫接种情况，消毒情况，羊只发运目的
地等。所有记录应妥善保存。所有记录应在清群后保存 2 年以
上。建立羊卡，做到一羊一卡一号，记录羊只的编号、出生日期、外
表、生产性能、免疫、检疫、病历等原始资料（表 7-4）。

表 7-4　羊防疫档案记录

羊基本情况					
羊　号		羊场编号		登记日期	
品　种		来　源		出生日期	
毛　色		初生重（千克）		外　貌	

免疫记录				
日　期	疫苗名称	接种剂量（毫克、毫升）	接种方法	接种人员

消毒记录					
日　期	消毒对象	消毒剂	剂量（毫克、毫升）	消毒方法	消毒人员

疫病监测记录							
日　期	布鲁氏菌病	口蹄疫	羊　痘	羊口疮	羊传染性胸膜肺炎	伪狂犬病	其　他

羊病史记录					
发病日期	病　名	预后情况	实验室检查	原因分析	使用兽药

无害化处理记录					
处理日期	处理对象	处理数量（只）	处理原因	处理方法	处理人员

第八章 羊病诊断与治疗技术

规模化羊场必须坚持"预防为主"的方针,应加强饲养管理,搞好环境卫生,做好防疫、检疫工作,坚持定期驱虫、预防中毒等综合性防治措施。对常见羊病及时、准确的诊断和防治也是保证规模化羊场健康养殖的前提。尤其是规模化羊场,一定要对羊易感染的各种传染性疾病和寄生虫病做好诊断和治疗。

第一节 羊的健康检查

一、羊的生理常数

羊正常体温为 38℃～39.5℃,羔羊高出约 0.5℃,剧烈运动或经暴晒的羊,须休息 30 分钟后再测温。健康羊脉搏数为 70～80 次/分。健康羊呼吸频率为 12～20 次/分,一般都是胸腹式呼吸,胸壁和腹壁的运动都比较明显,呈节律性运动,吸气后紧接呼气,经短暂间歇,又行下一次呼吸(表 8-1)。在正常情况下羊用上唇摄取食物,靠唇舌吮吸把水吸进口内来饮水。

表 8-1 羊的体温、呼吸、脉搏(心跳)数值

年 龄	性 别	体温(℃)		呼吸(次/分)		脉搏(次/分)	
		范 围	平 均	范 围	平 均	范 围	平 均
3～12 月龄	公	38.4～39.5	38.9	17～22	19	88～127	110
	母	38.1～39.4	38.7	17～24	21	76～123	100
1 岁以上	公	38.1～38.8	38.6	14～17	16	62～88	78
	母	38.1～39.6	38.6	14～25	20	74～116	94

正常时羊瘤胃左侧肷窝稍凹陷,瘤胃收缩次数每2分钟2～4次,听诊瘤胃蠕动音类似沙沙声,在肷窝隆起时最强,以后逐渐减弱(表8-2)。羊粪呈小而干的球样。羊排尿时,都取一定姿势。

表8-2　羊的反刍情况和瘤胃蠕动次数

年　龄	每个食团咀嚼次数		每个食团反刍时间(秒)		反刍间歇时间(秒)		瘤胃蠕动次数(5分钟)	
	范　围	平　均	范　围	平　均	范　围	平　均	范　围	平　均
4～12月龄	54～100	81	33～58	44	4～8	6	9～12	11
1岁以上	69～100	76	34～70	47	5～9	6	8～14	11

二、羊的临床检查指标

(一)体　温

1. 发热　体温高于正常范围,并伴有各种症状的称为发热。

2. 微热　体温升高0.5℃～1℃称为微热。

3. 中热　体温升高1℃～2℃称为中热。

4. 高热　体温升高2℃～3℃称为高热。

5. 过高热　体温升高3℃以上称为过高热。

6. 稽留热　体温高热持续3天以上,上、下午温差1℃以内,称为稽留热,常见于纤维素性肺炎。

7. 弛张热　体温日差在1℃以上而不降至常温的,称弛张热,常见于支气管肺炎、败血症等。

8. 间歇热　体温有热期与无热期交替出现,称为间歇热,常见于血孢子虫病、锥虫病。

9. 无规律发热　发热的时间不定,变动也无规律,而且体温的温差有时相差不大,有时出现巨大波动,常见于渗出性肺炎等。

10. 体温过低　体温在常温以下,常见于产后瘫痪、休克、虚脱、极度衰弱和濒死期等。

（二）脉搏　　羊利用股动脉检查脉搏。检查时，通常用右手的食指、中指及无名指先找到动脉管后，用 3 指轻压动脉管，以感觉动脉搏动，计算 1 分钟的脉搏数（健康羊脉搏数为 70～80 次/分）。发热性疾病、各种肺脏疾病、严重心脏病以及贫血等均能引起脉搏数增多。

（三）呼　吸

1. 呼吸数增多　　临床上常见能引起脉搏数增多的疾病，多能引起呼吸数增多。另外，呼吸疼痛性疾病（胸膜炎、肋骨骨折、创伤性网胃炎、腹膜炎等）也可致使呼吸数增多。呼吸数减少常见于脑积水、产后瘫痪和气管狭窄等。

2. 呼吸运动　　在病理状态下可出现胸式呼吸（吸气时胸壁运动比较明显）或腹式呼吸（吸气时腹壁运动比较明显）。吸气后紧接呼气，经短暂间歇，又行下一次呼吸。一般吸气短而呼气略长，可因兴奋、恐惧和剧烈运动等而发生改变。如呼吸运动长时间变化，则是病理状态。临床上常见的呼吸节律变化有潮式呼吸、间歇呼吸和深长呼吸 3 种。

3. 呼吸困难

（1）吸气性呼吸困难　　吸气用力，时间延长，鼻孔开张，头颈伸直，肘向外展，肋骨上举，肛门内陷，并常听到类似哨声的狭窄音。主要是气息通过上呼吸道发生障碍的结果。常见于鼻腔、喉、气管狭窄的疾病和咽淋巴结肿胀等。

（2）呼气性呼吸困难　　呼气用力，时间延长，背部拱起，肷窝变平，腹部容积变小，肛门突出，呈明显的二段呼气，于肋骨和肋软骨的结合处形成一条喘沟，呼气越困难喘沟越明显，是肺内空气排出发生障碍的结果。常见于细支气管炎和慢性肺气肿等。

（3）混合性呼吸困难　　吸气和呼气都困难，而且呼吸加快。是由于肺呼吸面积减少，或肺呼吸受限制，肺内气体交换障碍，致使血液中二氧化碳蓄积和缺氧而引起。常见于肺炎、胸膜炎等疾病，心源性、中毒性等呼吸困难也属于混合性呼吸困难。

（四）采食和饮水

1. 采食障碍　表现为采食方法异常，唇、齿和舌的动作不协调，难以将食物纳入口内，或刚纳入口内，未经咀嚼即脱出。常见于唇、舌、牙、颌骨的疾病及各种脑病，如慢性脑水肿、脑炎、破伤风、面神经麻痹等。

2. 咀嚼障碍　表现为咀嚼无力或咀嚼疼痛。常于咀嚼时突然张口，上、下颌不能充分闭合，致使咀嚼不全的食物掉出口外。常见于佝偻病、骨软症、放线菌病等。此外，由于咀嚼的齿、颊、口黏膜、下颌骨和咬肌等的疾病，使咀嚼时引起疼痛也会出现咀嚼障碍。神经障碍时也可出现咀嚼困难或完全不能咀嚼。

3. 吞咽障碍　吞咽时或吞咽稍后，动物摇头伸颈、咳嗽，由鼻孔逆出混有食物的唾液和饮水。常见于咽喉炎、食管阻塞及食管炎。

4. 饮水　在生理情况下饮水多少与气候、运动和饲料的含水量有关。在病理状态下，饮欲可发生变化，出现饮欲增加或饮欲减退。饮欲增加见于热性病、腹泻、大出汗以及渗出性胸膜炎的渗出期。饮欲减退见于伴有昏迷的脑病及某些胃肠病。

（五）瘤胃　肷窝深陷，见于饥饿和长期腹泻等。瘤胃臌胀时，上部腹壁紧张而有弹性，用力强压也难以感知瘤胃内容物性状。前胃弛缓时，内容物柔软。瘤胃积食时，感觉内容物坚实。胃黏膜有炎症时，触诊有疼痛反应。瘤胃收缩无力、次数减少、收缩持续时间短促，表示其运动功能减退，见于前胃弛缓、创伤性网胃炎、热性病以及其他全身性疾病。听诊瘤胃蠕动音加强，表示瘤胃收缩增强。蠕动音减弱或消失，表示前胃弛缓或瘤胃积食等。

（六）排粪　粪便稀软甚至呈水样，表明肠消化功能障碍、蠕动加强，见于肠炎等。粪便硬固或粪球干小表明肠管运动功能减退，或肠肌弛缓，水分大量被吸收，见于便秘初期。褐色或黑色粪便表明前部肠管出血,粪便表面附有鲜红色血液表明后部肠管出血。粪便呈灰白色时,表明粪胆素减少,见于阻塞性黄疸。粪便腐败腥臭时,表明肠内容物强烈发酵和腐败,见于胃肠炎、消化不良等。粪便中混有虫体见于胃肠道寄生虫病。

(七)排 尿

1. 尿失禁 羊未取排尿姿势,而经常不自主地排出少量尿液为尿失禁,见于腰荐部脊髓损伤和膀胱括约肌麻痹。

2. 尿淋漓 尿液不断呈点滴状排出时,称为尿淋漓,是由于排尿功能异常亢进和尿路疼痛刺激而引起,见于急性膀胱炎和尿道炎等。

3. 排尿带痛 羊只排尿时表现痛苦不安、努责、呻吟、回顾腹部和摇尾等,排尿后仍长时间保持排尿姿势。排尿疼痛见于膀胱炎、尿道炎和尿路结石等。

三、羊的临床检查方法

(一)集体检查 活动、休息和采食饮水3种情况的检查,是对大群羊进行临床检查的三大环节;眼看、耳听、手摸、检温是对大群羊进行临床检查的主要方法。使用"看、听、摸、检"的方法经过"动、静、食"三态的检查,能够把大部分病羊从羊群中检查出来。活动时的检查,是在羊群的天然活动和人为驱赶活动时的检查,从不正常的动态中找出病羊。休息时的检查,是在保持羊群安静的情况下,进行看和听,以检出姿态和声音异常的羊。采食、饮水时的检查,是在羊天然采食和饮水时进行的检查,以检出采食、饮水有异常表现的羊。

活动时的检查首先察看羊的精神外貌和姿态步样。健康羊精神活泼,步态平稳,不离群,不落伍;而病羊多精神不振,沉郁或兴奋不安,步态踉跄,跛行,前肢软弱跪地或后肢麻痹,有时突然倒地发生痉挛等,应将其挑出进行个体检查。其次,留意察看羊的天然孔及分泌物,健康羊鼻镜湿润,鼻孔、眼及嘴角干净;病羊则表现鼻镜单调,鼻孔流出分泌物,有时鼻孔周围污染脏土杂物,眼角附着脓性分泌物,嘴角流出唾液,应将其剔出复检。

休息时的检查首先有次序地并尽可能地逐只察看羊的站立和躺卧姿态,健康羊吃饱后多合群卧地休息,时而进行反刍,当有人接近时经常起身离去;病羊常独自呆立一侧,肌肉震颤及痉挛,或离群单卧,长时间不见其反刍,有人接近也不动。其次,要留意羊的天然孔、分泌物及呼吸情况等。再次,必须留意被毛情况,如果发现被毛有脱落之处,无毛部位有痘疹或痂皮时,以及听到有羊发出磨牙、咳嗽或喷嚏声时,均应剔出来检查。

采食、饮水时的检查是在放牧、喂饲或饮水时对羊的食欲及采食、饮水情况进行察看。健康羊在放牧时多走在前头,边走边吃草,饲喂时也多抢着吃;饮水时,多迅速奔向饮水处,争先喝水。病羊吃草时,多落在后边,时吃时停,或离群停立不吃草;饮水减少、不喝或暴饮者,应予剔出复检。

(二)个体检查

1. 问诊 了解羊群和病羊的生活史与患病史,着重了解以下三方面。一是病羊发病时间和病后主要表现,附近其他羊只有无类似疾病发生;二是饲养管理情况,主要了解饲料种类和饲喂量;三是了解治疗经过、用药种类和效果。

2. 视诊 是用眼睛或借助器械观察病羊的各种异常现象,是识别各种疾病不可缺少的方法,特别是对在大羊群中发现病羊更为重要。视诊时,先观察全貌,如精神、营养、姿势等。然后由前向后查看,即观察头部、颈部、胸部、腹部、臀部及四肢等处,观察体表有无创伤、肿胀等现象。最后让病羊运动,观察步行状态。

3. 触诊 是利用手的感觉进行检查的一种方法。根据病变的深浅和触诊的目的可分为浅部触诊和深部触诊。浅部触诊的方法是检查者的手放在被检部位上轻轻滑动触摸,可以了解被检部位的温度、湿度和疼痛等;深部触诊是用不同的力量对病羊进行按压,以了解病变的性质。

4. 叩诊　就是叩打动物体表某部,使之振动发生声音,按其声音的性质以推断被叩组织、器官有无病理改变的一种诊断方法。羊常用手指叩诊。根据被叩组织是否含有气体,以及含气量的多少,可出现清音、浊音、半浊音和鼓音。

5. 听诊　直接用耳听取音响的,称为直接听诊,主要用于听取病羊的呻吟、喘息、咳嗽、喷嚏、嗳气、磨牙及高朗的肠音等。用听诊器进行听诊的称为间接听诊,主要用于心、肺及胃肠检查。

6. 嗅诊　嗅诊就是借嗅觉器官闻病羊的排泄物、分泌物、呼出气、口腔气味以及深入羊舍了解卫生状况,检查饲料是否霉败等的一种方法。

第二节　羊病的诊断技术

尽早识别病羊,不但能有效控制疾病的传播,而且能尽早采取相应的治疗方法,减少因疾病带来的损失。

一、羊病的诊断方法

(一)看体态　健康羊膘满肉肥,体格强壮,病羊则体弱。患慢性病和寄生虫病的羊都显得比较瘦弱,疾病后期往往呈皮包骨样。急性病的初期不会出现消瘦,只是精神明显不好。

(二)看皮毛　健康羊被毛发亮、整洁、富有弹性。如果羊毛粗乱无光、蓬乱易断,皮肤松弛不洁则是慢性病羊常有的表现,特别是内、外寄生虫感染的时候,情况更为严重。

(三)看行动　健康的羊无论采食或休息,常聚集在一起,休息时多呈半侧卧势,人一接近即行起立;病羊食欲、反刍减少,常常离群卧地,出现各种异常姿势。健康羊眼睛明亮有神,洁净湿润,听觉灵敏,胆小又灵活;发病羊则精神委靡,眼睛无神,头低耳垂,变得比较迟钝。健康羊只发出洪亮而有节奏的叫声;病羊叫声高低常有变化,甚至不用听诊器就可听见呼吸声及咳嗽声、肠音。病羊表现不愿抬头,听力、视力减弱,行走缓慢,重者离群掉队。羊中毒时常常是低头呆立,感染寄生虫的病羊则显得懒散而疲倦。

(四)看鼻液　健康羊没有鼻液,但鼻镜湿润、光滑,常有微细的水珠。若发现稀薄、黏性或脓性鼻液,鼻镜干燥、不光滑、表面粗糙,则是羊只患病的征兆。

(五)看饮食　健康羊采草时争先恐后,抢着吃头排草。吃草减少常发生于患病初期,食欲废绝多见于重病时,尤其是胃肠方面的疾病,大量饮水常出现在严重腹泻的前期。

(六)看反刍　羊正常的反刍轻快有力,时间和次数都有规律,这是健康羊的重要标志。一般羊在采食30~50分钟后,经过休息便可进行第一次反刍,每次反刍要持续30~60分钟,24小时内要反刍4~8次。但在发生肠胃病或传染病时,反刍次数减少、缓慢甚至停止。

(七)看黏膜　健康羊黏膜是淡红色的,若黏膜呈苍白色,可能是患有贫血、营养不良或感染了寄生虫;而结膜潮红是发炎和患某些急性传染病的症状;结膜发绀呈暗紫色多表示病情严重。健康羊口腔黏膜为淡红色,用手摸感到暖手,无恶臭味;病羊口腔时冷时热,黏膜淡白或潮红、干涩、流涎,有恶臭味。健康羊的舌头呈粉红色且有光泽、转动灵活、舌苔正常;病羊舌头活动不灵、软绵无力、舌苔薄而色淡或苔厚而粗糙无光。

(八)看粪便　健康羊的粪便呈椭圆形粒状,成堆或呈现链条状排出,粪球表面光滑、较硬,补喂精饲料的良种羊的粪便呈较软的团块状,无异味。便秘时粪粒又干又小,腹泻时粪便常为墨绿色;患寄生虫病时多出现软便,颜色异常,呈褐色或浅褐色,有异臭。肾脏和膀胱等器官发病时,常有排尿困难、尿液浑浊或带血,有时带有刺鼻的异味。健康羊尿液清亮无色或微带黄色,并且排尿有规律;病羊排便、排尿不正常,粪便或稀或硬,甚至停止,尿液色黄或带血。

(九)测体温 体温是羊健康与否的晴雨表,羊的体温可用体温计在肛门测定,正常体温为 39.5℃~40.5℃。如发现羊精神失常,可用手触摸角的基部或皮肤,无病的羊两角尖凉,角根温和。贫血时体温降至正常以下;急性热性病时,羊体温升高,而体温突然下降常是濒死的征兆。

(十)测呼吸 待羊只安静后,将耳朵贴在羊胸部肺区,可清晰地听到肺脏的呼吸音。健康羊每分钟呼吸 12~20 次,能听到间隔匀称,带"嘶嘶"声的肺呼吸音。病羊则出现"呼噜、呼噜"节律不齐的拉风箱似的肺泡音,呼吸次数在急性发热时增加,中毒时常减少。

二、羊病的快速诊断技术

(一)流产 见表 8-3 所示。

表 8-3　引发流产疾病的主要症状

疾病类别	疾病名称	主要症状
传染病	布鲁氏菌病	绵羊流产率达 30%~40%,其中有 7%~15% 的死胎;流产前 2~3 天,病羊精神委靡,食欲消失,喜卧,常由阴门排出黏液或带血的黏性分泌物;山羊敏感性更高,常于妊娠后期发生流产,新感染的羊群流产率可高达 50%~60%
	沙门氏菌病	发生于产前 6 周,病羊精神沉郁,食欲减退,体温达 40.5℃~41.6℃,有时腹泻;第一年损失约 10%,严重者可高达 40%~50%
	胎儿弯曲菌病	发生于产前 4~6 周,发病羊可达 50%~60%
	李氏杆菌病	有神经症状,昏迷,有时转圈,流产发生于妊娠 3 个月以后,流产率达 15%
	口蹄疫	口腔、蹄有水疱,母羊常发生流产

第八章 羊病诊断与治疗技术

续表 8-3

疾病类别	疾病名称	主要症状
传染病	威尔塞斯布朗病	妊娠母羊发热、流产,娩出死羔,死羔率占 5%～20%
	地方流行性流产	绵羊流产及早产最常发生于第二胎,多为死胎;山羊流产 80% 发生于第一、第二胎,通常只流产 1 次
	土拉杆菌病	体温高达 40.5℃～41℃,母羊发生流产和产死胎
	衣原体病	以发热、流产、死产和产出弱羔为特征,流产常发生于妊娠中后期。羊群中首次发生时流产率可达 20%～30%,流产前数日母羊食欲减少,精神不振,流产后常发生胎衣不下
	绵羊传染性阴道炎	体温增高达 41.7℃,常引起流产
	裂谷热	体温升高,血尿、黄疸、厌食;妊娠母羊流产有时为绵羊患病的唯一特征
	支原体性肺炎	除主要表现肺炎症状外,妊娠母羊还可发生流产
	Q 热	流产损失为 10%～15%,病羊发生肺炎和眼病
	内罗毕绵羊病	体温升高持续 7～9 天,母羊常发生流产
	边界病	有神经症状,表现抖毛;母羊最明显的症状是流产,常娩出瘦弱胎儿或干尸化胎儿
寄生虫病	弓形虫病	流产可发生于妊娠后半期任何时候,但多见于产前 1 月内,损失不超过 10%
	住肉孢子虫病	发热、贫血、淋巴结肿大、腹泻,有时跛行,共济失调,后肢瘫痪;妊娠母羊可以发生流产,部分胎儿死亡
	蜱传热	体温升高至 40℃～42℃,约有 30% 的妊娠母羊流产
	蜱性脓毒血症	体温升高至 40℃～41.5℃,持续 9～10 天,可引起母羊流产和公羊不育

· 133 ·

续表 8-3

疾病类别	疾病名称	主要症状
普通病	中毒病	许多中毒病都可引起流产,常呈群发性
	灌药错误	发生于用药后 1~2 天
	妊娠毒血症	发生于产前 1~2 周
	维生素 A 缺乏	母羊发生流产,产死胎、弱胎及胎衣不下
	安哥拉山羊流产	应激性流产发生于妊娠后 90~120 天,胎羔常为活产,习惯性流产的胎儿水肿、死亡

(二)死胎和羔羊死亡 见表 8-4 所示。

表 8-4 引发死胎和羔羊死亡疾病的主要症状

疾病类别	疾病名称	主要症状
传染病	败血症和恶性水肿	主要发生于剪号(打耳标)以后,病羊体温升高,剖检见心壁、肾脏和其他器官出血,通常可见到剪号(打耳标)伤或脐部受感染;大腿内侧上部发黑,组织肿胀,含有血色血清和气体
	肠毒血症	抽搐、昏迷、髓样肾;肠脆弱,含有乳脂样内容物
	羊黑疫	见于有肝片吸虫的地区,剖检见肝脏内有坏死组织,皮肤发黑,心包内液体增多
	黑腿病	本病症状与恶性水肿相似,但切开肌肉时,可见肌组织有时较干
	破伤风	主要发生于羔羊剪号(打耳标)后
	羊口疮	有并发症时可引起死亡,特征是唇部、鼻镜及小腿上有黑痂
	脐 病	脐部发炎,可引起败血症和关节跛行
	羔羊痢疾	下痢带血
	钩端螺旋体病	妊娠母羊产死羔,受感染的羊病期可达到 3 月龄,有血尿、黄疸、贫血、体温升高等症状
	梭菌性感染	包括肠毒血症、羊黑疫、黑腿病、痢疾,也包括其他梭菌感染
	布鲁氏菌病	产死羔或弱羔,流产,弱羔常因冻饿而死

续表 8-4

疾病类别	疾病名称	主要症状
传染病	胎儿弧菌感染	流产出死羔或将死的羔羊
	李氏杆菌感染	流产出死羔或将死的羔羊,有转圈症状
	弓形虫病(Ⅱ型流产)	流产出死羔或将死的羔羊,在子叶绒毛的末端有白色针尖状坏死灶
	链球菌性子宫感染	流产出死羔或将死的羔羊,体温升高,阴门有排出物
	坏死性肝炎	持续性腹泻;肝肿大,且有许多坏死区
寄生虫病	绿头苍蝇侵袭	主要发生于剪号(打耳标)或被犬、狐狸、乌鸦咬啄之后
	球虫病	排血便,剖检可见肠道发炎
普通病	肺　炎	体温升高,痛苦的咳嗽,呼吸困难,喘息
	饲喂紊乱	母羊患乳房炎或其他疾病,以致羔羊不能吃奶而导致死亡
	关节炎	主要发生于剪号(打耳标)之后,有时也见于剪号(打耳标)之前
	麻　痹	羔羊剪号(打耳标)后1～2周或断尾、去势之后均可发生,都是由于脊柱内形成脓肿而引发
	酚噻嗪中毒	妊娠最后2周给母羊灌药,可导致产生死羔(未足月或足月)
	碘缺乏和甲状腺肿	有时甲状腺肿大
	地方性共济失调	步态蹒跚、麻痹,以致死亡
	分娩时受到损伤	大的健康羔羊可因分娩时受到损伤,而使肝、脾、肺破裂或发生窒息
	产羔过程中冻饿、天气不好或发生急症	均可导致羔羊死亡

（三）突然死亡（先兆症状很少或没有） 见表 8-5 所示。

表 8-5　引发突然死亡疾病的主要症状

疾病类别	疾病名称	主要症状
传染病	羊快疫	病羊痛苦、膨气、昏迷而死亡，皱胃发炎或坏死，肾和脾变软而呈髓样，腹腔有渗出液
	羊肠毒血症	主要危害青年羊，受感染羊数多，见于饲料丰富或吃多汁饲料的时期，可死于痉挛（主要为羔羊）或昏迷（主要为成年羊），肾脏肿大或呈髓样肾；小肠几乎是空的，内容呈乳酪样，肠管容易破裂；心包液增多，心肌出血；体温不升高
	羊黑疫	发生于有肝片吸虫的地区，在体况良好的青年羊中最为典型。在肝脏上有小面积的灰色坏死区
	炭疽	通常一发生即死亡。尸体膨胀，口、鼻及肛门流出血液。禁止打开尸体，如果已进行了剖检，可发现脾脏肿大而柔软，在身体各部分有许多出血点，胃、肠严重发炎，大多数发生在夏季
	公羊肿头病	肝脏显示有新近的肝片吸虫感染；剥皮以后，可见皮肤内面呈深红色或黑色（因为充血）；病羊死前无挣扎，心包有积液，主要见于公羊。组织内有黄色液体，体温高，通常发生于抵架之后，先是眼皮肿胀，以后由头、颈下部延至胸下
	沙门氏菌感染	肝脏充血，肠系膜淋巴结肿大，脾脏肿大，有不同程度的肠胃炎，呈流行性，有些病羊可绵延 2～3 天
	破伤风	主要见于羔羊，常发生于剪号或剪毛后，特点是肌肉僵硬和牙关紧闭，接着发生强直性痉挛，常常因膨气而迅速死亡
	急性水肿和黑腿病	感染部位周围肿胀、发黑，最常见于剪毛、药浴或剪号以后；可能发生膨气，鼻孔中流出泡沫；有时阴门排出黑色且有不良气味的液体
	类鼻疽	很少见，病羊摇摆、侧卧，眼、鼻有分泌物，肺、脾有绿色脓肿，鼻黏膜有溃疡；关节有感染，转圈、迟钝，最终死亡
	羔羊痢疾	腹泻带血，迅速死亡
	败血症	与不同微生物引起的恶性水肿症状相似，全身性出血，特别是淋巴结和肾脏出血严重

续表 8-5

疾病类别	疾病名称	主要症状
寄生虫病	急性肝片吸虫病	病羊贫血(结膜苍白),肝脏肿大发黑;肝内有肝片吸虫造成的出血通道,腹腔内有大量血色液体
	严重的寄生虫感染	显著贫血,皱胃有大量捻转胃虫(常在肥胖的情况下可因贫血而死亡)。一般见于羔羊及青年羊;如果是在湿热季节,在严重感染的牧场上可因突然严重感染而导致贫血死亡
普通病	气肿病	腹围胀大,特别是左侧更为明显,常见于大量饲喂青草的情况下
	急性肺炎	流鼻液、咳嗽,急性者突然死亡,但常常是延迟数日而死亡
	低钙血症	主要发生于产羔母羊,常见于采食青草的情况下;大多为突然发病,跌倒、挣扎、麻痹、昏迷而死;家庭饲养(饲养不良)或者用含有草酸的植物饲喂均可促使本病发生;有的突然死亡,有的可能延迟数日死亡;注射钙剂可以挽救病羊生命
	草地抽搐	与低钙血症相似,但病羊更易兴奋,单独使用钙制剂治疗无效,需加用镁制剂
	植物中毒	主要因采食产生氢氰酸的植物或含有硝酸钠的植物而引起。主要症状是口流泡沫,膨气,呼出气中带有杏仁气味,死前黏膜发红或发绀;刺激性植物可引起胃肠炎,其他杂草可引起蹒跚、痉挛、疯狂和昏迷
	中毒	砷中毒较常见,主要见于腐蹄病浸浴时,特征是引发胃肠炎和腹泻

续表 8-5

疾病类别	疾病名称	主要症状
普通病	全身性中毒	其症状依化学性质不同而有差异,刺激剂会引起胃肠炎,士的宁会引起抽搐等
	蛇咬伤	主要见于奇蹄动物,羊发生很少,特征是昏迷、死亡
	毒血性黄疸(急性)	皮肤及内脏器官黄染,步态蹒跚,迅速消瘦,尿液呈褐色或红色;尸体发黄,肝脏呈橘黄色,肾脏呈黑色
	卡车运输死亡	肥羊在用卡车运输时,常于卸下时发生死亡,特征是麻痹,后肢跨向后外方,取爬卧姿势,这是由低血钙所致
	结石	主要见于阉羊,有时发生于种公羊,病羊由精神沉郁到死亡;剖检可发现结石
	鸦啄病	发生于眼窝,一般见于产羔之后
	热射病	毛厚的羊如果在日光暴晒之下或密闭拥挤的羊舍内,均容易发生本病

(四)延迟数日死亡 见表 8-6 表示。

表 8-6 引发延迟数日死亡疾病的主要症状

疾病类别	疾病名称	主要症状
传染病	恶性水肿	有些病例可延迟数日才死亡,在绵羊常常可延迟数日,伤口周围的皮肤和皮下组织发炎
	黑腿病和败血症	主要发生于剪毛、药浴、剪号或其他手术之后,也可见于注射抗肠毒血症疫苗之后。特征是从阴门排出黑色分泌物,体温升高
	沙门氏菌感染	有些病例可延迟数日死亡,病羊体温升高,胃肠道充血,下痢
	肠毒血症	慢性型,精神沉郁,下痢,食欲减少,一般均导致死亡,死后 1 小时左右呈髓样肾
	羊快疫	有些病例可延迟 1~2 天死亡
	公羊肿头病	2 天多死亡,肿胀组织内含有清朗的黄色液体,但在败血症病例则含有血色液体

续表 8-6

疾病类别	疾病名称	主要症状
传染病	破伤风	大部分数日死亡，病羊痉挛、僵直、臌气、死亡
	羊口疮	发生于羔羊，病羊鼻、面部、小腿有痂；可能继发细菌性感染，并有并发症者常引起死亡
	肉毒中毒	有吃腐肉或其他陈旧有机物质的病史，病羊体温降低，发生迟缓性麻痹
	李氏杆菌感染	较少见，病羊转圈、呆钝、死亡；有些病例发生流产和繁殖障碍
寄生虫病	寄生虫感染	大部分不会死亡，如果死亡可延迟一些时间，病羊贫血或腹泻，剖检可发现有寄生虫
	绿头苍蝇侵袭	蝇蛆可直接造成严重的发炎和损害，如能深入组织，引起严重发炎，且可引起毒血症或败血症而导致病羊死亡
普通病	肺　炎	流鼻液、咳嗽、气喘，体温升高。症状因原因不同而异，大部分经过一些时日死亡，因灌药造成的肺炎(肺坏疽)，症状严重且会迅速死亡
	妊娠中毒症	体温不升高，发病慢，有时表现迟钝，瞎眼、麻痹，剖检可发现有脂肪肝，怀双羔的母羊多见
	亚急性中毒性黄疸	特别多见于发病的后期
	低钙血症	也可以延迟数日才死亡
	植物中毒	许多病例表现其特有症状，延迟数日而死
	四氯化碳中毒	有灌服四氯化碳史，病羊精神沉郁、昏迷而死亡
	龟头炎	见于阉羊，包皮鞘周围有局部炎症，病羊精神沉郁、不安、昏迷以后死亡
	光敏感	有吃过光敏植物史，表现瘙痒，无毛部分肿胀

(五)腹泻 见表 8-7 所示。

规模肉羊场 **疾病高效防控手册**

表 8-7　引发腹泻疾病的主要症状

疾病类别	疾病名称	主要症状
传染病	肠毒血症	腹泻时间很短，一般羔羊死亡很突然，成年羊病程可延长。剖检可见髓样肾，心包积液，肠脆弱
	沙门氏菌病	肠道发炎，肝脏充血，肺炎，心肌出血
	副结核	有断续性腹泻，有时大肠黏膜增厚而皱缩
	败血症	心肌、肾脏和其他部位出血，腹泻被认为是继发性症状
寄生虫病	黑痢虫病（毛圆线虫病）	剖检见小肠内有寄生虫
	球虫病	侵袭4周龄至6月龄的小羊，肠壁上有黄色大头针样的结节，小肠有绒毛肉头瘤
普通病	饲喂青草	长期吃干草之后突然给予多汁饲料可以引起腹泻
	饲养紊乱	大量饲喂饼渣或不适当的干日粮，常常发生腹泻
	中毒	许多中毒都可发生腹泻，如砷、磷、所有刺激性毒物和某些植物性毒物
	矿物质不足和不平衡	铜、钴不足和其他矿物质不平衡均可发生腹泻，其特征都是贫血和步态蹒跚
	羔羊发育不良	主要表现为消瘦、流鼻液和不同的消耗性继发症

（六）流鼻液和（或）咳嗽　见表 8-8 所示。

表 8-8　引发流鼻液和（或）咳嗽疾病的主要症状

疾病类别	疾病名称	主要症状
传染病	放线菌感染	放线杆菌病可以产生鼻腔病灶，有时发生流鼻液现象
	类鼻疽	鼻黏膜溃烂，肺炎，不同器官发生脓肿
寄生虫病	肺寄生虫	死后剖检可发现肺丝虫
	鼻蝇蚴病	鼻腔内有鼻蝇幼虫，且有地区性病史

续表 8-8

疾病类别	疾病名称	主要症状
普通病	肺 炎	肺炎有 14 种类型,其共同特点是咳嗽,体温高,精神沉郁,食欲废绝,且有羊群病史
	灌药错误造成的	灌药技术不良可造成化脓性肺炎以及咽、喉和头部的损伤
	植物损伤	部分植物能够引起肺炎和流鼻液
	羊栏内灰尘太多	可引起鼻阻塞
	营养不良	羔羊或幼羊流鼻液为营养不良的症状之一
	鼻半塞	容易见到,常成群发生,主要症状是流鼻液,没有全身症状

(七)惊厥 见表 8-9 所示。

表 8-9 引发惊厥疾病的主要症状

疾病类别	疾病名称	主要症状
传染病	肠毒血症	羔羊在死亡以前发生惊厥,死后肠脆薄,有髓样肾变化,心包积液
	破伤风	步态蹒跚,痉挛,全身僵直,头向后仰,腿直伸,蹄向外,发生于剪号、去势、剪毛之后
普通病	士的宁中毒	痉挛以至死亡
	牧草强直	共济失调,麻痹,注射镁制剂及矿物质治疗有效
	植物蹒跚	不少植物能够引起打战、步态蹒跚和惊厥
	转圈病	转圈,神经紊乱,最后惊厥和昏迷
	乳热症	有时步态蹒跚,出现惊厥现象
	酮 病	可能与乳热病或牧草强直相混淆,但酮试验为阳性
	发生中毒	当前许多复杂的中毒,如有机磷化合物及其他一些药品中毒,都能够影响神经系统

(八)黄疸 见表 8-10 所示。

表 8-10 引发黄疸疾病的主要症状

疾病类别	疾病名称	主要症状
传染病	钩端螺旋体病	流产或产出死羔,排血尿、黄疸
	黄大头病	除了发黄以外,皮肤敏感,有地区性病史——饲喂过致病的植物
	毒血症黄疸	皮肤和黏膜发黄,尿色黄,突然死亡或渐进性消瘦,肾脏发紫
	铜中毒	补铜过量,由于吃了含铜多的植物而使肝脏受损,用硫酸铜做蹄浴,为了消灭螺、绦虫而使用大量硫酸铜
普通病	光过敏	除了黄疸外,尚有皮肤脱落和坏死症状
	面部湿疹	有地区发病史,面部和乳房有湿疹
	肝 炎	有造成肝功能受损的原因,如磷、四氯化碳中毒等
	亚硝酸盐中毒	血液、皮肤及黏膜均带褐色

(九)头部肿胀 见表 8-11 所示。

表 8-11 引发头部肿胀疾病的主要症状

疾病类别	疾病名称	主要症状
传染病	公羊肿头病	通常发生于抵架或受伤以后,伤口局部含有黄色或血液渗出液,衰竭,突然死亡
	放线杆菌病及放线枝菌病	头面部有肿块,或下颌或面部骨头肿大
	黑腿病、恶性水肿及其他局部败血性感染	均可产生炎性肿胀
	干酪样淋巴结炎	颌下或耳朵附近的淋巴结肿大
	羊口疮	鼻镜和面部有黄色至黑色的结痂,主要感染羔羊

续表 8-11

疾病类别	疾病名称	主要症状
寄生虫病	蝇蛆侵袭症	蜂窝织炎被蝇蛆侵袭引起肿胀,其特征是体温升高、衰竭、羊毛被分泌物浸湿
	水肿性肿胀	发生于颌下,形成所谓的"水葫芦",一般是由于严重的寄生虫感染所引起,有时是因为营养不良引起
普通病	大头病	头部皮肤及黏膜黄染,头部组织有水肿性肿胀,通常与光过敏的其他症状并发
	光过敏	耳部及鼻镜皮肤发红,接着发生水肿,有炎性渗出物,甚至组织脱离;羊只找寻阴凉处,在对酚噻嗪光过敏的情况下会发生角膜炎
	灌药性损伤	由于用自动注射器或药枪粗鲁地灌药所引起,特别是使用硫酸铜、砷制剂或烟碱的情况下,可因渗出大量黄色炎性渗出液而导致大面积肿胀,可以看到口腔的创伤
	鸦啄症	鸦啄之后,可引起眼窝的败血性感染
	肿瘤	可发生于头部或身体的任何部分,最常见于耳朵
	草籽脓肿	为含有脓液的肿胀,切开时可以看到排出物中含有草籽
	变态反应	由于植物、食物或昆虫刺蜇引起的斑块状肿胀或生面团样肿胀

(十)身体其他部位肿胀 见表 8-12 所示。

表8-12　引发身体其他部位肿胀疾病的主要症状

疾病类别	疾病名称	主要症状
传染病	干酪样淋巴结炎	受害的淋巴结肿大,切开肿大的淋巴结其中含有典型的绿黄色豆渣样脓块
	局部感染	可发生肿胀
普通病	恶性肿瘤	可发生于身体的任何部分
	脓肿	由于草籽或其他原因所引起,肿胀处含有脓液
	腹肌破裂	肿胀位于腹部下面或后腿前方,若使羊仰卧并用手按压,肿胀即消失
	腹部胀气和扩张	特别表现在腹部左侧

(十一)跛行　见表8-13所示。

表8-13　引发跛行疾病的主要症状

疾病类别	疾病名称	主要症状
传染病	腐蹄病	蹄壳下方有灰色坏死组织块,以后蹄壳脱落,在羊群中有流行
	关节炎(化脓性和非化脓性)	主要发生于羔羊剪号、断尾之后,也曾见于剪毛药浴之后的成年羊
	口疮	小腿和蹄上有黑痂
	类鼻疽	很少见,特征是步态蹒跚,眼、鼻有分泌物,关节肿胀,有时发生关节炎而引起跛行
寄生虫病	类圆线虫	小腿和膝关节的皮肤发炎、肿胀,表现提步跳跃或跛行
	恙螨病、毛虱仔虫病	蹄冠周围发红,局部有咬伤,有时溃疡和跛行
	蝇蛆侵袭症	腿上腐烂,常会引起跛行
普通病	蹄脓肿	仅一肢发生急性跛行,趾间有绿黄色脓液,甚至可涉及深层组织,向上可以高达膝部
	蹄叶炎	有吃大量新谷粒史或有严重热性病史,病羊急性跛行,大多数严重病例蹄壳脱落
	草籽脓肿	引起步态僵硬或跛行

续表 8-13

疾病类别	疾病名称	主要症状
普通病	药浴后的跛行	用不含杀菌药的液体药浴以后,容易见到跛行
	三叶草烧伤	由于蹄壳太长,污秽的腐败物质超过趾关节以上
	跛行、损伤及骨折	均能引起跛行

(十二)皮肤发黑　见表 8-14 所示。

表 8-14　引发皮肤发黑疾病的主要症状

疾病类别	疾病名称	主要症状
传染病	羊黑疫	发生于肝片吸虫发病地区,病羊突然死亡,皮肤发黑(有青灰色区域),心包积液
	肠毒血症	主要危害优秀的羔羊,有时可见腹部和腿内侧皮肤发黑,肠管空虚,肠壁脆弱,心包积液
	恶性水肿和黑腿病	突然死亡,受感染的局部发黑
	乳房炎	病程较长时,可见乳房发黑,并延伸至腹部
普通病	撞伤或跌伤	撞跌部位发黑

第三节　羊病治疗药物的选择和使用

一、给药方法

通常根据药物的种类、性质、使用目的以及羊的饲养方式,选择适宜的用药方法。临床上一般采用以下给药方法。

(一)个体给药

1. 口服给药　口服给药操作简便,适合大多数药物,可发挥药物在胃肠道内的作用,如肠道抗菌药物、驱虫药、制酵药、泻药等,常常采用口服的方法。常用的口服方法有灌服、混水、混饲、舔服等。应在饲喂前服用的药物有苦味健胃药、收敛止泻药、胃肠解痉药、肠道抗感染药、利胆药。应空腹或半空腹服用的药物有驱虫药、盐类泻药。刺激性强的药物应在饲喂后服用。

不能用强酸、强碱(特别是口服)或刺激性较强的药物或物质,如石炭酸、来苏儿、石油、松节油、烟袋油或辣椒油等治疗羊病,以免杀死微生物群或污染前胃内环境。羊口服芳香开窍剂如麝香、木香、茴香或麝香等,在前胃发酵过程中,易随嗳气挥发而起不到治疗作用。苦味健胃剂如苦味酊、苦丁香或陈皮等是以苦味与胃黏膜作用而使其增加分泌和蠕动,由于羊前胃无分泌腺,再加上微生物的作用,待药物进入肠道中才能起到微弱的作用。所以,羊使用消化促进药,不如直接使用促进胃肠蠕动剂有效。根据反刍兽前胃生理特点,羊容易发生瘤胃臌气。此时,如使用作用较强的防腐制酵剂,有时虽能收到暂时性的疗效,但治疗后对前胃生态将会产生不良影响。最好的办法是当发生瘤胃臌气后,立即用胃管放气,如再臌气可再放气,如此反复至不再臌气为止。

2. 注射给药　注射给药的优点是吸收快而完全,药效出现快。不宜口服的药物,大都可以注射给药。常用的注射方法有皮下注射、肌内注射、静脉推注、静脉滴注,此外还有气管注射、腹腔注射,以及瘤胃、直肠、子宫、阴道、乳管注入等。皮下注射是将药物注入颈部或股内侧皮下疏松结缔组织中,经毛细血管吸收,一般10～15分钟即可出现药效。刺激性药物及油类药物不宜皮下注射。肌内注射是将药物注入富含血管的肌肉(如臀肌)中,吸收速度比皮下快,一般经5～10分钟即可出现药效。油剂、混悬剂也可肌内注射,刺激性较大的药物,可注于肌肉深部,药量大的应分点注射。静脉注射是将药物注入体表明显的静脉中,作用最快,适用于急救、注射大量或刺激性强的药物。

3. 灌肠法　是将药物配成液体,直接灌入直肠内,羊可用细橡皮管灌肠。先将直肠内的粪便清除,然后在橡皮管前端涂上凡士林,插入直肠内,把橡皮管的盛药部分提高到超过羊的背部。灌肠完毕后,拔出橡皮管,用手压住肛门或拍打尾根部,以防药物排出。灌肠药液的温度,应与体温一致。

4. 胃管法　给羊插入胃管的方法有 2 种:一是经鼻腔插入,二是经口腔插入。胃管正确插入后,即可接上漏斗灌药。药液灌完后,再灌少量清水,然后取掉漏斗,用嘴吹气或用橡皮球打气,使胃管内残留的液体完全入胃,用拇指堵住胃管管口,或折叠胃管前端,慢慢抽出。该法适用于灌服大量水剂及有刺激性的药液。患咽炎、咽喉炎和咳嗽严重的病羊,不可用胃管灌药。

5. 皮肤、黏膜给药　通过皮肤和黏膜吸收药物,使药物在局部或全身发挥治疗作用。常用的给药方法有滴鼻、点眼、刺种、毛囊涂擦、皮肤局部涂擦、药浴、埋藏等。刺激性强的药物不宜用于黏膜。

(二)群体给药

1. 混饲给药　将药物均匀混入饲料中,让羊吃料时能同时吃进药物,适用于长期投药。不溶于水或适口性差的药物用此法较为恰当。药物与饲料的混合必须均匀,并应准确掌握饲料中药物的浓度。

2. 混水给药　将药物溶解于水中,让羊自由饮用。此法适用于因病不能吃食,但还能饮水的羊。采用此法须注意根据羊可能饮水的量来计算药量与药液浓度;限制时间饮用药液,以防止药物失效或增加毒性等。

3. 气雾给药　将药物以气雾剂的形式喷出,让羊经呼吸道吸入而在呼吸道发挥局部作用,或使药物经肺泡吸收进入血液而发挥全身治疗作用。若喷雾于皮肤或黏膜表面,则可发挥保护创面、消毒、局部麻醉、止血等局部作用。本法也可供室内空气消毒和杀虫之用。气雾吸入要求药物对羊呼吸道无刺激性,且药物应能溶于呼吸道的分泌液中。

4. 药浴 通常采用药浴方法杀灭体表寄生虫,但药浴须用专门的设施。药浴使用的药物最好是水溶性的,药浴时应注意掌握好药液浓度、温度和浸洗的时间。

二、药物的选择和使用

用于羊病预防、治疗和诊断疾病所用的兽药必须符合《中华人民共和国兽药典》《中华人民共和国兽药规范》《兽药质量标准》和《进口兽药质量标准》的相关规定,优先使用符合《中华人民共和国兽用生物制品质量标准》《进口兽药质量标准》的疫苗预防羊病。

允许使用《中华人民共和国兽药典》(二部)及《中华人民共和国兽药规范》(二部)收载的用于羊的兽用中药材、中药成方制剂。允许使用国家畜牧兽医行政管理部门批准的微生态制剂。

允许使用的抗菌药物和抗寄生虫药物见表 8-15 所示。

表 8-15 肉羊饲养允许使用的
抗寄生虫药、抗菌药物及使用规定

类别	名　称	制剂	用法与用量 (用量以有效成分计)	休药期 (天)
抗寄生虫药物	阿苯达唑	片剂	口服,一次量,10~15 毫克/千克体重	7
	双甲脒	溶液	药浴、喷洒、涂刷,配成 0.025%~0.05% 的乳液	21
	溴酚磷	片剂、粉剂	口服,一次量,12~16 毫克/千克体重	21
	氯氰碘柳胺钠	片剂	口服,一次量,10 毫克/千克体重	28
		注射液	皮下注射,一次量,5 毫克/千克体重	28
		混悬液	口服,一次量,10 毫克/千克体重	28

续表 8-15

类别	名称	制剂	用法与用量（用量以有效成分计）	休药期（天）
抗寄生虫药物	溴氰菊酯	溶液剂	药浴,5～15 毫克/升水	7
	三氮脒	注射用粉针	肌内注射,一次量,3～5 毫克/千克体重,临用前配成 5%～7%溶液	28
	二嗪磷	溶液	药浴,初液 250 毫克/升水;补充液 750 毫克/升水(均按二嗪磷计)	28
	非班太尔	片剂、颗粒剂	口服,一次量,5 毫克/千克体重	14
	芬苯达唑	片剂、粉剂	口服,一次量,5～7.5 毫克/千克体重	6
	伊维菌素	注射液	皮下注射,一次量,0.2 毫克(相当于 200 单位)/千克体重	21
	盐酸左旋咪唑	片剂	口服,一次量,7.5 毫克/千克体重	3
		注射剂	皮下、肌内注射,7.5 毫克/千克体重	28
	硝碘酚腈	注射液	皮下注射,一次量,10 毫克/千克体重;急性感染时用 13 毫克/千克体重	30
	吡喹酮	片剂	口服,一次量,10～35 毫克/千克体重	1
	碘醚柳胺	混悬液	口服,一次量,7～12 毫克/千克体重	60
	噻苯咪唑	粉剂	口服,一次量,50～100 毫克/千克体重	30
	三氯苯唑	混悬液	口服,一次量,5～10 毫克/千克体重	28
抗菌药物	氨苄西林钠	注射用粉针	肌内或静脉注射,一次量,10～20 毫克/千克体重	12
	苄星青霉素	注射用粉针	肌内注射,一次量,3 万～4 万单位/千克体重	14

规模肉羊场 疾病高效防控手册

续表 8-15

类别	名称	制剂	用法与用量（用量以有效成分计）	休药期（天）
抗菌药物	青霉素钾	注射用粉针	肌内注射，一次量，2万～3万单位/千克体重，每天2～3次，连用2～3天	9
	青霉素钠	注射用粉针	肌内注射，一次量，2万～3万单位/千克体重，每天2～3次，连用2～3天	9
	硫酸小檗碱	粉剂	口服，一次量，0.5～1克	0
		注射液	肌内注射，一次量，0.05～0.1克	0
	恩诺沙星	注射液	肌内注射，一次量，2.5毫克/千克体重，每天1～2次，连用2～3天	14
	土霉素	片剂	口服，一次量，羔羊10～25毫克/千克体重（成年反刍兽不宜口服）	5
	普鲁卡因青霉素	注射用粉针	肌内注射，一次量，2万～3万单位/千克体重，每天1次，连用2～3天	9
		混悬液	肌内注射，一次量，2万～3万单位/千克体重，每天1次，连用2～3天	9
	硫酸链霉素	注射用粉针	肌内注射，一次量，10～15毫克/千克体重，每天2次，连用2～3天	14

三、药物使用时的注意事项

严格遵守规定的作用与用途、用法与用量及其他注意事项；严格遵守规定休药期；所用兽药必须来自具有《兽药生产许可证》和产品批准文号的生产企业，或者具有《进口兽药许可证》的供应商；所有兽药的标签必须符合《兽药管理条例》的规定。

建立并保存免疫程序记录，建立并保存全部用药的记录。治疗用药记录包括羊编号、发病时间及症状、药物名称（商品名、有效成分、生产单位）、给药途径、给药剂量、疗程、治疗时间等；预防或促生长混饲用药记录包括药品名称（商品名、有效成分、生产单位及批号）、给药剂量、疗程等。

禁止使用未经国家畜牧兽医行政管理部门批准的兽药和已经淘汰的兽药，禁止使用《食品动物禁用的兽药及其他化合物清单》中的药物。

第九章 羊常见病防治技术

羊常见病的有效控制,已成为制约我国养羊业发展的重要一环。因此,如何合理地对羊进行防病治病是确保养羊业能够健康发展的关键。

第一节 细菌性疾病

一、羊快疫

【病　原】　病原体为腐败梭菌。通过消化道或伤口传染。经消化道感染的,可引起羊快疫;经伤口感染的,可引起恶性水肿。

【感染途径】　在自然条件下,如在被死于羊快疫病羊尸体污染的牧场放牧或吞食了被其污染的饲料,都可发生感染。很多降低抵抗力的因素可促进本病发生,如天气寒冷、饲喂冰冻饲料、患绦虫病等。

【症　状】·本病的潜伏期只有几小时,病羊突然发病,在10～15分钟迅速死亡,有时可以延长至2～12小时。死前痉挛、膨胀,结膜急剧充血。常见的现象是羔羊当天表现正常,翌日早晨却发现死亡,其发病症状主要表现为体温升高,食欲废绝,离群静卧,磨牙,呼吸困难,甚至发生昏迷,天然无绒毛部位有红色渗出液,头、喉、舌等部黏膜肿胀,呈蓝紫色,口腔流出带血泡沫,有时发生血样腹泻,常有不安、兴奋、突跃式运动或其他神经症状。

【治　疗】　磺胺类药物及青霉素治疗均有疗效,但由于病期短促,生产中很难应用。

【预　防】　每年定期应用羊快疫、羊猝狙、羊肠毒血症、羔羊痢疾四联疫苗预防注射。

羊群中一旦发病，立即将病羊隔离，并给发病羊群全部灌服0.1％高锰酸钾溶液 250 毫升/只或 1％硫酸铜溶液 80～100 毫升/只，同时进行紧急接种。

病死羊尸体、粪便和污染的泥土一起深埋，以断绝污染土壤和水源的机会。圈舍用 3％氢氧化钠溶液彻底消毒。也可以用 20％漂白粉混悬液消毒。

二、羊猝狙

【病　原】　本病是由 C 型魏氏梭菌引起的一种毒血症。

【症　状】　病羊以急性死亡、腹膜炎和溃疡性肠炎为特征，十二指肠和空肠黏膜严重充血糜烂，个别肠段有大小不等的溃疡灶。常在死后 8 小时内，由于细菌的增殖，于骨骼和肌肉间积聚血样液体，肌肉出血，有气性裂孔。以 1～2 岁的绵羊发病较多。

【诊　断】　本病的流行特点、症状与羊快疫相似，这两种病常混合发生。诊断主要靠肠内容物毒素种类的检查和细菌的定型。

【预防和治疗】　同羊快疫。

三、羊肠毒血症

【病　原】　羊肠毒血症是魏氏梭菌产生毒素所引起的绵羊急性传染病。

【感染途径】　本菌常见于土壤中，通过口腔进入胃肠道，在皱胃和小肠内大量繁殖，产生大量毒素。毒素被机体吸收后，可使羊体发生中毒而引起发病。

【症　状】　以发病急、死亡快、死后肾脏多见软化为特征。又称软肾病、类快疫。

最急性病羊死亡很快，个别呈现疝痛症状，步态不稳，呼吸困难,有时磨牙,流涎,短时间内倒地死亡。急性病羊表现为食欲消失,腹泻,粪便恶臭,带有血液及黏液,意识不清,常呈昏迷状态,经过1~3天死亡。有的可能延长,其表现特点有时兴奋,有时沉郁,黏膜有黄疸或贫血,这种情况虽然可能痊愈,但大多数失去经济利用价值。

【诊　断】　本病的诊断以流行病学、临床症状和病理剖检为基础,注意个别羔羊突然死亡的现象。剖检可见心包扩大,肾脏变软或呈乳糜状。但最根本的诊断方法是细菌学检查。

【预防和治疗】　同羊快疫。

四、羊炭疽

【病　原】　本病是由炭疽杆菌引起的传染病,常呈败血性。

【症　状】　本病潜伏期为1~5天。根据病程,可分为最急性型、急性型和亚急性型。

1. 最急性型　病羊突然昏迷、倒地,呼吸困难,黏膜呈青紫色,天然孔出血。病程为数分钟至几小时。

2. 急性型　体温达42℃,少食,呼吸加快,反刍停止,妊娠母羊可流产。病情严重时,病羊惊恐、咩叫,后变得沉郁,呼吸困难,肌肉震颤,步态不稳,黏膜呈青紫色。初便秘,后可腹泻、便血,排血尿。天然孔出血,抽搐痉挛。病程一般为1~2天。

3. 亚急性型　在皮肤、直肠或口腔黏膜出现局部炎性水肿,初期硬,有热痛,后变冷而无痛。病程为数天至1周以上。

【预　防】　经常发生炭疽的地区,应进行预防注射。未发生过本病的地区在引进羊时要严格检疫,不要买进病羊。尸体要焚烧、深埋,严禁食用;对病羊污染环境可用20%漂白粉混悬液彻底消毒。疫区应封锁,疫情完全消灭后14天方能解除封锁。

五、羊黑疫

羊黑疫又称传染性坏死性肝炎,是羊的一种急性高度致死性毒血症。

【发病特点】 以 2～4 岁、营养好的绵羊多发,山羊也可发生。主要发生于低洼潮湿地区,以春、夏季多发。

【症　状】 临床症状与羊肠毒血症、羊快疫等极其相似,通常病程短促,病程长的可达 1～2 天。病羊常食欲废绝,反刍停止,精神不振,放牧掉群,呼吸急促,体温达 41℃ 左右,最后昏睡俯卧而死。

【预防和治疗】 病程稍缓病羊,肌内注射青霉素 80 万～160 万单位,每天 2 次。也可静脉或肌内注射抗诺维氏梭菌血清,每次 50～80 毫升,连续用 1～2 次。

控制肝片吸虫的感染,定期注射羊厌气菌病五联苗,皮下或肌内注射 5 毫升。发病时将病羊安置于高燥处,也可用抗诺维氏梭菌血清早期预防,皮下或肌内注射 10～15 毫升,必要时重复使用 1 次。

六、肉毒梭菌中毒

【病　因】 肉毒梭菌存在于家畜尸体内和被污染的草料中,该菌在适宜的条件下(潮湿、厌氧,18℃～37℃)能够繁殖,产生外毒素。羊只吞食了含有毒素的草料或尸体后,即会引起中毒。

【症　状】 中毒后一般表现为吞咽困难,卧地不起,头侧弯,颈、腹部和大腿肌肉松弛。一般体温正常,多数在 1 天内死亡。最急性的不表现任何症状,突然死亡。慢性的继发肺炎,消瘦死亡。

【预防和治疗】 不用腐败发霉的饲料喂羊,清除牧场、羊舍和周围的垃圾、尸体。定期预防注射类毒素。注射肉毒梭菌抗毒素 6 万～10 万单位,投服泻剂清理胃肠,配合对症治疗。

七、羊链球菌病

【病　原】　病原体为 C 型溶血性链球菌,多经呼吸道感染。当天气寒冷、饲料质量差时容易发病,在牧草青黄不接时最容易发病和死亡。新发地区多呈流行性,常发地区则呈地方流行性或散发性。

【症　状】　病程短,最急性病例 24 小时内死亡,一般病程为 2～3 天。病初体温高达 41℃ 以上,结膜充血,有脓性分泌物;鼻孔有浆液、黏液脓性鼻液;有时唇、舌肿胀流涎,并混有泡沫;颌下淋巴结肿大,咽喉肿胀,呼吸急促,心跳加快;排软便,带黏液或血液。最后衰竭卧地不起。

【诊　断】　根据发病季节、症状和剖检结果,可做出初步诊断,细菌学检查具有确诊意义。

【预防和治疗】　加强饲养管理,保证羊体健壮。每年秋季进行疫苗注射。圈舍定期消毒。治疗可用青霉素、磺胺类药物。

羊快疫、羊猝狙、羊肠毒血症和羊炭疽对养羊业危害较大,且症状有相似之处,应注意鉴别(表 9-1)。

表 9-1　羊快疫、羊猝狙、羊肠毒血症、羊炭疽的鉴别诊断要点

鉴别要点	羊快疫	羊肠毒血症	羊猝狙	羊炭疽
发病年龄	6～18 月龄	2～12 月龄	1～2 岁	成年羊
营养状况	膘情好者多发	膘情好者多发	膘情好者多发	营养不良者多发
发病季节	秋季和早春多发	春夏之交和秋季多发	冬、春季多发	夏、秋季多发
发病诱因	气候骤变	过食精饲料等	多见于阴洼沼泽地区	多见于气温高、雨水多,吸虫、昆虫活跃的地区

续表 9-1

鉴别要点	羊快疫	羊肠毒血症	羊猝狙	羊炭疽
高血糖和尿糖	无	有	无	无
胸腺出血	无	有	无	—
皱胃出血性炎	很显著,呈弥漫性、斑块状	不显著	轻微	较显著,呈小点状
小肠溃疡性炎	无	无	有	无
骨骼肌气肿出血	无	无	死后 8 小时出现	无
肾脏软化	少有	死亡时间较久者多见	少有	一般无
急性脾肿	无	无	无	有
抹片检查	肝被膜触片常有无关节长丝状的腐败梭菌	血液和脏器组织中一般不见细菌	体腔渗出液和脾脏抹片中可见 C 型魏氏梭菌	血液和脏器涂片见有带荚膜的炭疽杆菌

八、布鲁氏菌病

布鲁氏菌病(简称布病)是由布鲁氏菌属细菌引起的人兽共患常见传染病,我国将其列为二类动物疫病。为了预防、控制和净化本病,依据《中华人民共和国动物防疫法》及有关的法律、法规,制定了布鲁氏菌病的防治技术规范。

【流行病学特点】 布鲁氏菌是一种细胞内寄生的病原菌,主要侵害动物的淋巴系统和生殖系统。病畜主要通过流产物、精液和乳汁排菌,污染环境。羊、牛、猪易感性最强。母畜比公畜易感,成年畜比幼年畜发病多。在母畜中,第一次妊娠母畜发病较多。带菌动物,尤其是病畜的流产胎儿、胎衣是主要传染源。消化道、呼吸道、生殖道是主要的感染途径,也可通过损伤的皮肤、黏膜等感染。本病常呈地方性流行。

人主要通过皮肤、黏膜、消化道和呼吸道感染,尤其以感染羊种布鲁氏菌、牛种布鲁氏菌最为严重。

【临床症状】 潜伏期一般为 14~180 天。最显著症状是妊娠母羊发生流产,流产后可能发生胎衣滞留和子宫内膜炎,从阴门流出污秽不洁、恶臭的分泌物。新发病的羊群流产较多;老疫区羊群发生流产的较少,但发生子宫内膜炎、乳房炎、关节炎、胎衣滞留、久配不孕的较多。公羊往往发生睾丸炎、附睾炎或关节炎。

【病理变化】 主要病变为生殖器官的炎性坏死,脾、淋巴结、肝、肾等器官形成特征性肉芽肿(布病结节)。有的可见关节炎。胎儿主要呈败血症病变,浆膜和黏膜有出血点和出血斑,皮下结缔组织发生浆液性、出血性炎症。

【预防和控制】 非疫区以监测为主,稳定控制区以监测净化为主,控制区和疫区实行监测、扑杀和免疫相结合的综合防治措施。

1. 免疫接种 疫情呈地方性流行的区域,应采取免疫接种的方法。疫苗选择布病疫苗 S_2 株(以下简称 S_2 疫苗)、M_5 株(以下简称 M_5 疫苗)、S_{19} 株(以下简称 S_{19} 疫苗)以及经农业部批准生产的其他疫苗。

2. 无害化处理 患病羊及其流产胎儿、胎衣、排泄物、乳、乳制品等按照《畜禽病害肉尸及其产品无害化处理规程》(GB 16548—1996)进行无害化处理。

3. 消毒 对患病动物污染的场所、用具、物品严格进行消毒。饲养场的金属设施、设备可采取火焰、熏蒸等方式消毒;养羊场的圈舍、场地、车辆等,可选用 2%氢氧化钠溶液等有效消毒药消毒;饲养场的饲料、垫料等,可采取深埋发酵处理或焚烧处理;粪便消毒采取堆积密封发酵方式;皮毛消毒用环氧乙烷、甲醛熏蒸等方法。

发生重大布鲁氏菌病疫情时,当地县级以上人民政府应按照《重大动物疫情应急条例》有关规定,采取相应的扑灭措施。

九、羊传染性胸膜肺炎

羊传染性胸膜肺炎是由山羊丝状支原体引起的,革兰氏染色呈阴性。病原体存在于病羊的肺脏和胸膜渗出液中,主要通过呼吸道感染。传染迅速,发病率高,在自然条件下,丝状支原体山羊亚种只感染山羊,3 岁以下的山羊最易感染,而绵羊肺炎支原体则可感染山羊和绵羊。

【流行病学特点】　病羊和带菌羊是本病的主要传染源。本病常呈地方流行性,接触传染性很强,主要通过空气-飞沫经呼吸道传播。阴雨连绵、寒冷潮湿、羊群密集等因素,有利于空气-飞沫传播的发生。本病呈地方流行性,冬季流行期平均为 15 天,夏季可维持 2 个月以上。

【临床症状】　以咳嗽、胸肺粘连等为特征,潜伏期为 18～26 天,病初体温升高至 41℃～42℃,热度呈稽留型或间歇型。有肺炎症状,压迫病羊肋间隙时,感觉痛苦。病至末期常发展为胃肠炎,伴有带血的急性腹泻,饮欲增加。妊娠母羊常发生流产。

【预防和治疗】　每年秋季注射 1 次胸膜肺炎疫苗,杜绝羊只、人员流动,圈舍定期消毒。用沙星类药物治疗和预防有特效。

平时预防除加强一般措施外,关键在于防止引入或迁入病羊和带菌羊。新引进羊只必须隔离检疫 1 个月以上,确认健康时方可混入大群饲养。

发病羊群应进行封锁,及时对全群进行逐头检查,对病羊、可疑病羊和假定健康羊分群隔离和治疗;对被污染的羊舍、场地、饲管用具和病羊的尸体、粪便等,应进行彻底消毒或无害化处理。

十、山羊结核病

【病　原】　病原为结核杆菌。结核杆菌分为 3 型，即人型、牛型和禽型。这 3 种细菌是同一种微生物的变种，是由于长期分别生存于不同机体而适应的结果。结核杆菌对于干燥、腐败作用和一般消毒药的耐受性很强，日光和高温容易杀死本菌，日光照射 0.5～2 小时死亡，煮沸 5 分钟即死亡。

【传染途径】　这 3 型杆菌均可感染人、畜。主要通过呼吸道和消化道感染。病羊或其他病羊的唾液、粪便、尿液、乳汁、泌尿生殖道分泌物及体表溃疡分泌物中都含有结核杆菌。结核杆菌进入呼吸道或消化道即可感染。

【临床症状】　山羊结核病症状不明显，一般为慢性经过。轻度感染的病羊没有临床症状，病重时食欲减退，全身消瘦，皮毛干燥，精神不振。常流出黄色浓稠鼻液，甚至含有血丝。呼吸带痰音，发生湿性咳嗽。病后期表现贫血，呼气带臭味，磨牙，喜好吃土。体温升高至 40℃～41℃。

【诊　断】　主要通过结核菌素点眼和皮内注射试验做出确诊。

【预防和治疗】　主要通过检疫、阳性扑杀使羊群净化。有价值的种羊必须治疗时，可采用链霉素、异烟肼（雷米封）、对氨基水杨酸钠或盐酸黄连素等治疗。

十一、羊副结核病

【病　原】　副结核病又称副结核性肠炎、稀屎痨，是由副结核分枝杆菌引起的牛、绵羊、山羊的一种慢性接触性传染病，分布广泛。在青黄不接、草料供应不上、羊只体质不良时发病率上升。转入青草期时症状减轻，病情大见好转。

【发病特点】　副结核分枝杆菌主要存在于病羊的肠道黏膜和

肠系膜淋巴结，通过粪便排出，污染饲料、饮水等，经消化道感染健康羊。幼龄羊的易感性较大，大多在幼龄时感染，经过很长的潜伏期，到成年时才出现临床症状。在机体抵抗力减弱、饲料中缺乏矿物质和维生素时容易发病，呈散发或地方性流行。

【临床症状】　病羊反复发生腹泻，稀便呈卵黄色、黑褐色，带有腥臭味或恶臭味，并带有气泡。开始为间歇性腹泻，逐渐变为经常性而又顽固的腹泻，后期呈喷射状排出。有的母羊泌乳少，颜面及下颌部水肿，腹泻不止，最后消瘦骨立，衰竭而死。病程长短不一，病程 4～5 天，长的可达 70 多天，一般为 15～20 天。

【预防和治疗】　对疫场（或疫群）可采用以提纯副结核菌素变态反应为主的检疫手段，每年检疫 4 次，凡变态反应呈阳性但无临床症状的羊，立即隔离，并定期消毒；无临床症状但粪便检菌阳性或补体结合反应呈阳性者均扑杀。非疫区（场）应加强卫生措施，引进种羊应隔离检疫，无病才能入群。在感染羊群，采用接种副结核杆菌灭活疫苗等综合防治措施，可以使本病得到控制和逐步消灭。

十二、山羊伪结核病

【病　原】　病原为假结核棒状杆菌或啮齿类假结核杆菌，该菌不能形成芽孢，容易被杀死，在土壤中不能长期存活，但圈舍的环境有利于本菌的繁殖，因此羊群易发本病。

【传染途径】　主要通过伤口传染，尤其是在梳绒剪毛时易发，此外如脐带伤、打耳标等，都可成为细菌侵入的途径。

【临床症状】　最常患病的部位在肩前、股前及头颈部的淋巴结。淋巴结肿胀，内含黄色的豆渣样物。有时发生在睾丸。当肺部患病时，引起慢性咳嗽，呼吸快而费力，咳嗽痛苦，鼻孔流出黏性或脓性黏液。

【诊　断】　主要根据特殊病灶做出诊断。

【预　防】　因为本病主要通过伤口感染，所以伤口要严格消毒,梳绒剪毛时受伤机会最多,对有病灶的羊最后梳剪,用具要经常消毒。处理假结核脓肿时,脓液要进行消毒处理。

【治 疗】 外部脓肿切开排脓。切开脓肿时,可能会使病原入血,引起其他部分脓肿,但待其自行破裂则容易造成脓肿乱散而扩大传染。所以,最好是在即将破裂之前人工切开。破裂之前的表现为:脓肿显著变软,表面被毛脱落,局部皮肤发红。切开排脓清洗后,塞入吸有5%碘酊的纱布,一般1周左右即可痊愈。对内脏患病而出现全身症状者,一般治疗无效。

十三、羊衣原体病

衣原体病是由鹦鹉热衣原体引起羊、牛等多种动物的传染病。临床病理特征为流产、肺炎、肠炎、多发性关节炎和脑炎。

【病 原】 鹦鹉热衣原体属于衣原体科、衣原体属,革兰氏染色阴性。生活周期各期中其形态不同,染色反应也有差别。姬姆萨染色法染色时,形态较小、具有传染性的原生小体被染成紫色,形态较大、无传染性的繁殖性初体被染成蓝色。受感染的细胞内可查见各种形态的包涵体,主要由原生小体组成,对疾病诊断有特异性。衣原体在一般培养基上不能繁殖,常在鸡胚和组织培养中能够增殖。小鼠和豚鼠具有易感性。鹦鹉热衣原体抵抗力不强,对热敏感,感染鸡胚卵黄囊中的衣原体在−20℃条件下可保存数年。0.1%甲醛溶液、0.5%石炭酸溶液、70%酒精、3%氢氧化钠溶液均能将其灭活。衣原体对青霉素、四环素、红霉素等抗生素敏感,而对链霉素有抵抗力。对磺胺类药物,沙眼衣原体敏感,而鹦鹉热衣原体则有耐药性。

【流行病学特点】 鹦鹉热衣原体可感染多种动物,但常为隐性经过。家畜中以羊、牛较为易感,禽类感染后称为鹦鹉热或鸟疫。许多野生动物和禽类是本菌的自然储存宿主。患病动物和带菌动物为主要传染源,可通过粪便、尿液、乳汁、泪液、鼻分泌物以及流产的胎衣、羊水排出病原体，污染水源、饲料及环境。本病主要经呼吸道、消化道及损伤的皮肤、黏膜感染；也可通过交配或用患病公畜的精液人工授精而感染，子宫内感染也有可能；蜱、螨等吸血昆虫叮咬也可能传播本病。本病一般呈散发性或地方性流行。密集饲养、营养缺乏、长途运输或迁徙、寄生虫侵袭等应激因素可促进本病的发生、流行。

【临床症状】　临床上羊常表现以下几型。

1. 流产型　流产多发生于妊娠期最后 1 个月，病羊流产、死产和产出弱羔，胎衣往往滞留，排流产分泌物可达数日之久。流产过的母羊一般不再流产。

2. 关节炎型　主要发生于羔羊，引起多发性关节炎。病羔体温升至 41℃～42℃，食欲丧失，离群，肌肉僵硬、疼痛，一肢或四肢跛行。有的长期侧卧，体重减轻，并伴有滤泡性结膜炎，病程为 2～4 周。羔羊痊愈后对再感染有免疫力。

3. 结膜炎型　结膜炎主要发生于绵羊，特别是羔羊。病羊单眼或双眼均可发生，病眼流泪，结膜充血、水肿，角膜混浊，有的出现血管翳，甚至糜烂、溃疡或穿孔，一般经 2～4 天开始愈合。数日后，在瞬膜和眼睑上形成 1～10 毫米的淋巴样滤泡。部分病羔发生关节炎、跛行。病程一般为 6～10 天或数周。

【病理变化】

1. 流产型　流产动物胎膜水肿、增厚；胎盘子叶出血、坏死；流产胎儿苍白、贫血，皮下水肿，皮肤和黏膜有点状出血，肝脏充血。组织学检查可见胎儿肝、肺、肾、心肌和骨骼肌有弥漫性和局灶性网状内皮细胞增生。

2. 关节炎型　关节囊扩张，发生纤维素性滑膜炎。关节囊内聚集有炎性渗出物，滑膜附有疏松的纤维素性絮片。患病数周的关节滑膜层由于绒毛样增生而变得粗糙。

3. 结膜炎型　眼观病变和临床所见相同，组织学变化限于结膜囊和角膜,疾病早期,结膜上皮细胞的胞质内先出现衣原体的繁殖型初体,然后可见感染型原生小体,滤泡内淋巴细胞增生。

【诊　断】

1. 病原学检查

(1)病料采集　采集血液、脾脏、肺脏和气管分泌物、肠黏膜及肠内容物、流产胎儿及流产分泌物、关节滑液、脑脊髓组织等作为病料。

(2)染色镜检　病料涂片或感染鸡胚多日黄液抹片,姬姆萨法染色镜检,可发现圆形或卵圆形的病原颗粒,革兰氏染色阴性。

(3)分离培养　将 0.2 毫升病料悬液接种于孵化 5~7 天的鸡胚卵黄囊内,感染鸡胚常于 5~12 天死亡,胚胎或卵黄囊表现充血、出血。取卵黄囊抹片镜检,可发现大量原生小体。有些衣原体菌株则需盲传几代,方能检出原生小体。

(4)动物接种试验　经脑内、鼻腔或腹腔途径将病料接种于无特定病原(SPF)小鼠或豚鼠,进行衣原体的增殖和分离。

2. 血清学试验　补体结合试验、中和试验、免疫荧光试验等均可用于本病的诊断。本病的症状与布鲁氏菌病、弯曲菌病、沙门氏菌病等疾病相似,如欲鉴别,可采用病原学检查和血清学试验。

【预　防】　加强饲养、卫生管理,消除各种诱发因素,防止寄生虫侵袭,避免羊群与鸟类接触,杜绝病原体传入。国内外已研制出用于绵羊、山羊的衣原体疫苗,可用作免疫接种。发生本病时,流产母羊及其所产羔羊应及时隔离。流产胎盘及排出物应予以销毁。污染的圈舍、场地等环境用 2%氢氧化钠溶液、5%来苏儿溶液等进行彻底消毒。

【治　疗】　治疗可肌内注射氟苯尼考,20~40 毫克/千克体重,每天 1 次,连用 1 周;或肌内注射青霉素,每次 160 万~320 万单位,每天 2 次,连用 3 天。也可将四环素类抗生素混于饲料中,连用 1~2 周。

十四、羔羊破伤风

破伤风又称强直症,俗称锁口风、脐带风,是由破伤风梭菌经伤口感染引发的一种人兽共患的急性中毒性传染病,其特征为全身或部分肌肉呈持续性痉挛和对外界刺激反应性增高。

成年羊、幼龄羊都可感染。羔羊常在断脐、去势、刻耳等操作过程中因消毒不当而受感染。破伤风梭菌是存在于土壤中的粗大杆菌,能形成芽孢,长期存活,所以四季均可发生。

【临床症状】 肌肉强直是本病的主要特征。病羊四肢强直,背腰不灵活,尾根上翘,行动困难。卧地后角弓反张,不能站立,头尾偏向一侧,呼吸促迫,常因窒息而死亡,死亡率高达 95% ~ 100%。

【预防和治疗】 伤口和断脐时用 5% 碘酊消毒;羔羊出生后12 小时内,肌内注射破伤风抗毒素 1 500 单位。

治疗时注射大量破伤风抗毒素(10 000 单位),每天 1 次,连用4～7 天。一般将抗毒素混于 5% 葡萄糖注射液中静脉注射。也可肌内注射氯丙嗪 10～25 毫克。

第二节 病毒性疾病

一、口蹄疫

口蹄疫是由口蹄疫病毒引起的以偶蹄动物为主的急性、热性、高度传染性疫病,世界动物卫生组织(OIE)将其列为必须报告的动物传染病,我国规定其为一类动物疫病。

为预防、控制和扑灭口蹄疫,依据《中华人民共和国动物防疫法》《重大动物疫情应急条例》《国家突发重大动物疫情应急预案》等法律、法规,我国制定了口蹄疫防治技术规范。

【流行病学特点】 偶蹄动物,包括牛科动物(牛、瘤牛、水牛、牦牛)、绵羊、山羊、猪及所有野生反刍和猪科动物均易感,驼科动物(骆驼、单峰骆驼、美洲驼、美洲骆马)易感性较低。

传染源主要为潜伏期感染及临床发病动物。感染动物呼出物、唾液、粪便、尿液、乳汁、精液及肉和副产品均可带毒。康复期动物可带毒。

易感动物可通过呼吸道、消化道、生殖道和伤口感染病毒,通常以直接或间接接触(飞沫等)方式传播,或通过人或犬、蝇、蜱、鸟等动物媒介,或车辆、器具等被污染物传播。如果环境气候适宜,病毒可随风远距离传播。

【临床症状】 病羊跛行,唇部、舌面、齿龈、鼻镜、蹄踵、蹄叉、乳房等部位出现水疱,发病后期,水疱破溃、结痂,严重者蹄壳脱落,恢复期可见瘢痕、新生蹄甲。本病传播速度快,发病率高,成年羊死亡率低,羔羊常突然死亡且死亡率高。

【病理变化】 消化道可见水疱、溃疡,羔羊可见骨骼肌、心肌表面出现灰白色条纹,形色酷似虎斑。

【诊　断】

1. 病原学检测　间接夹心酶联免疫吸附试验检测阳性;反转录聚合酶链式反应技术(RT-PCR)检测阳性;反向间接血凝试验(RIHA)检测阳性;病毒分离鉴定阳性。

2. 血清学检测　中和试验呈抗体阳性;液相阻断酶联免疫吸附试验呈抗体阳性;非结构蛋白酶联免疫吸附试验检测呈抗体阳性;正向间接血凝试验(IHA)呈抗体阳性。

3. 结果判定　疑似口蹄疫病例:符合本病的流行病学特点和临床诊断或病理诊断指标之一,即可判为疑似口蹄疫病例。确诊口蹄疫病例:疑似口蹄疫病例,病原学检测方法任何一项呈阳性,可确诊为口蹄疫病例;疑似口蹄疫病例,在不能获得病原学检测样本的情况下,未免疫羊血清抗体检测阳性或免疫羊非结构蛋白抗体酶联免疫吸附试验检测阳性,可判定为确诊口蹄疫病例。

【预防和控制】 任何单位和个人发现家畜有上述临床异常情况的,应及时向当地动物防疫监督机构报告。动物防疫监督机构应立即按照有关规定赴现场进行核实。

对疫点实施隔离、监控,禁止家畜、畜产品及有关物品移动,并对其内、外环境实施严格的消毒措施。必要时采取封锁、扑杀等措施。

国家对口蹄疫实行强制免疫,各级政府负责组织实施,当地动物防疫监督机构进行监督指导,免疫密度必须达到100%。

预防免疫按农业部制定的免疫方案规定的程序进行。所用疫苗必须采用农业部批准使用的产品,并由动物防疫监督机构统一组织、逐级供应。

所有养殖场(户)必须按科学合理的免疫程序做好免疫接种,建立完整免疫档案(包括免疫登记表、免疫证、免疫标识等)。

任何单位和个人不得随意处置及转运、屠宰、加工、经营、食用口蹄疫病(死)畜及产品;未经动物防疫监督机构允许,不得随意采样;不得在未经国家确认的实验室剖检分离、鉴定、保存病毒。

二、羊 痘

羊痘是一种急性接触性传染病。分布很广,群众称之为"羊天花"或"羊出花"。本病在绵羊及山羊都可发生,也能传染给人。其特征是有一定的病程,通常都是由丘疹发展为水疱,再发展为脓疱,最后结痂。绵羊易感性比山羊高,造成的经济损失很严重。除了死亡损失比山羊高以外,还由于病后恢复期较长,导致营养不良,使羊毛品质变劣;妊娠病羊常常流产;羔羊的抵抗力较弱,死亡率更大,故应加强防治,彻底扑灭。

【流行病学特点】 羊痘可发生于全年的任何季节,但以春、秋两季比较多发,传播很快。本病的主要传染源是病羊,病羊呼吸道的分泌物、痘疹渗出液、脓液、痘痂及脱落的上皮内都含有病毒,病期的任何阶段都有传染性。当健羊和病羊直接或间接接触时,很容易受到传染。病毒的天然传播途径为呼吸道、消化道和受损伤的表皮。受到污染的饲料、饮水、羊毛、羊皮、草场、初愈的羊以及接触的人、畜等,都能成为传播媒介。但病愈的羊能获得终身免疫。潜伏期为 2~12 天,平均为 6~8 天。

【临床症状】 发痘前,可见病羊体温升高至 41℃~42℃,食欲减少,结膜潮红,从鼻孔流出黏性或脓性鼻液,呼吸和脉搏加快,经 1~4 天后开始发痘。

发痘时,痘疹大多发生于皮肤无毛或少毛部分,如眼的周围、唇、鼻翼、颊、四肢和尾的内面、阴唇、乳房、阴囊及包皮上。山羊大多发生在乳房皮肤和乳头上。开始为红斑,1~2 天后形成丘疹,突出于皮肤表面,随后丘疹逐渐增大,变成灰白色水疱,内含清亮的浆液。此时病羊体温下降。

在羊痘流行中,由于个体的差异,有的病羊呈现非典型经过,如在形成丘疹后,不再出现其他各期变化;有的病羊经过很严重,痘疹密集,互相融合连成一片,由于化脓菌侵入,皮肤发生坏死或坏疽,全身症状严重;甚至有的病羊,在痘疹聚集的部位或呼吸道和消化道发生出血。这些重病例多死亡。一般典型病程需 3~4 周,冬季较春季为长。如有并发肺炎(羔羊较多)、胃肠炎、败血症等时,病程可延长或早期死亡。

临床上常见的各种不典型症状包括:①只呈呼吸道及眼结膜的卡他症状,并无痘的发生,这是因为羊的抵抗力特别强大。②丘疹并不变成水疱,数日内脱落而消失。③脓疱特别多,互相融合而形成大片脓疱,即形成融合痘。④有时水疱或脓疱内部出血,羊的全身症状剧烈,形成溃疡及坏死区,称为黑痘或出血痘。⑤若伴发整块皮肤的坏死及脱落,则称为坏疽痘,此型痘通常引起死亡。

【病理变化】 特征性的病理变化主要见于皮肤及黏膜。尸体腐败迅速,在皮肤(尤其是毛少的部分)上可见到不同时期的痘疮。呼吸道黏膜有出血性炎症,有时有增生性病灶,呈灰白色,圆形或椭圆形,直径约1厘米。气管及支气管内充满混有血液的浓稠黏液。有继发病症时,肺有肝变区。消化道黏膜也有出血性炎症,特别是肠道后部,常可发现不深的溃疡,有时也有脓疱。病势剧烈时,前胃及皱胃有水疱,间或在瘤胃有丘疹出现。淋巴结水肿、多汁而发炎。肝脏有脂肪变性病灶。

【诊　断】　在典型的情况下,可根据标准病程(红斑、丘疹、水疱、脓疱及结痂)确定诊断。当症状不典型时,可用病羊的痘液接种给健羊进行诊断。在液泡及结痂期间,可能误认为是皮肤湿疹或疥癣病,但这两种病均无发热等全身症状,且湿疹并无传染性;疥癣病虽能传染,但发展很慢,并不形成水疱和脓疱,在镜检刮屑物时可以发现螨虫。

【预防和治疗】　平时做好羊的饲养管理,圈舍要经常打扫,保持干燥清洁,抓好秋膘。冬、春季节要适当补饲做好防寒过冬工作。

在羊痘常发地区,每年定期预防注射,使用羊痘鸡胚化弱毒疫苗,大、小羊一律尾内或股内皮下注射0.5毫升,山羊皮下注射2毫升。

当发生羊痘时,立即将病羊隔离,对羊圈及管理用具等进行消毒。对尚未发病羊群,用羊痘鸡胚化弱毒疫苗进行紧急注射。

对于绵羊痘采用自身血液疗法能刺激淋巴、循环系统及器官,特别是网状内皮系统,使其发挥更大的作用,促进组织代谢,增强机体全身及局部的反应能力。

对皮肤病变酌情进行对症治疗,如用0.1%高锰酸钾溶液清洗后,涂搽碘甘油、紫药水。对细毛羊、羔羊,为防止继发感染,可以肌内注射青霉素80万～160万单位,每天1～2次,或用10%磺胺嘧啶钠注射液10～20毫升,每天肌内注射1～3次。用痊愈血清治疗,大羊 10～20 毫升,小羊 5～10 毫升,皮下注射,预防量减半。使用免疫血清效果更好。

三、绵羊肺腺瘤病

绵羊肺腺瘤病是绵羊的一种慢性、进行性、接触性传染的肺脏肿瘤性疾病,也发生于山羊。是以病羊咳嗽、呼吸困难、消瘦、流大量浆液性鼻液、Ⅱ型肺泡上皮细胞和无纤毛细支气管上皮细胞肿瘤性增生为主要特征的疾病。我国首例绵羊肺腺瘤病是 1951 年西北畜牧兽医学院朱宣人在病理检查时发现。目前,除澳大利亚、新西兰未见本病报道和冰岛已用严厉措施灭绝了本病外,世界上多数养羊业发达的国家和地区都有本病的发生和流行。

【病 原】 本病病原称为绵羊肺腺瘤病毒或驱赶病毒。本病毒含线性单股负链 RNA,核衣壳直径 95～115 纳米,其外有囊膜,是一种反转录病毒。本病毒抵抗力不强,56℃作用 30 分钟灭活,对氯仿和酸性环境都很敏感。-20℃条件下保存的病肺细胞里的病毒可存活数年。本病毒不易在体外培养,而只能依靠人工接种易感绵羊来获得病毒。用病料经鼻或气管接种绵羊,经 3～7 个月的潜伏期后出现临床症状,在肺脏及其分泌物中含有较多的病毒。

【流行病学特点】 本病多为散发,有时也能大批发生。冬季寒冷以及羊圈中羊只拥挤,可促进本病的发生和流行。羊群长途运输或驱赶,尘土刺激,细菌及寄生虫侵袭等均可引起肺源性损伤,导致本病的发生。不同品种、年龄、性别的绵羊均易感染,品种间以美利奴绵羊的易感性最高,母羊发病较多,成年绵羊特别是 3～5 岁的羊发病较多。在特殊情况下,也可发生于 2～3 月龄绵羊。病羊是本病的传染源,通过咳嗽和喘气可将病毒排出,经呼吸道传染给易感羊,也有通过胎盘而使羔羊发病的报道。

【临床症状】 本病有较长潜伏期,人工感染潜伏期为 3～7 个月。只有较大的和成年绵羊有临床表现。早期病羊精神不振,被毛粗乱,步态僵硬,逐渐消瘦,结膜呈粉白色,无明显体温反应,出现咳嗽、喘气、呼吸困难症状。在剧烈运动或驱赶时呼吸加快。后期呼吸快而浅,吸气时常见头颈伸直,鼻孔扩张,张口呼吸。病羊常有混合性咳嗽,呼吸道积液是本病的特有症状,听诊时呼吸音明显,容易听到升高的湿性啰音。当支气管分泌物积聚在鼻腔时,则随呼吸发出鼻塞音。若头下垂或后躯居高时,可见到泡沫状黏液和鼻中分泌物从鼻孔流出。病羊体温正常,但在病的后期可能继发细菌感染,引起化脓性肺炎,导致急性(有时为发热性)病程。本病末期,病羊衰竭、消瘦、贫血,但仍然保持站立姿势(因为躺卧时呼吸更加困难),直至死亡。

　　【病理变化】　病羊死后剖检时的病理变化主要集中在肺脏。病羊肺脏比正常的大 2～3 倍。在肺的心叶、尖叶和膈叶下部,可见大量灰白色乃至浅黄褐色结节,其直径为 1～3 厘米,外观呈圆形、质地坚实,密集的小结节发生融合,形成大小不一、形态不规则的大结节,甚至可波及一个肺叶的大部分。如有继发感染则出现大小不等的化脓灶。病变部位的肺胸膜常与胸壁及心包膜粘连。部分病羊因肿瘤转移,致使支气管周围淋巴结增大,形成不规则的肿块。左心室增生、扩张。组织学变化可见肺肿瘤,是由增生的肺泡和支气管的上皮增生所组成。病羊的肺脏病理组织切片,可见Ⅱ型肺泡上皮细胞大量增生,形成许多乳头状腺癌灶,乳头状的上皮细胞凸起向肺泡腔内扩张。有的腺癌灶周围的肺泡腔内充满大量增生脱落的上皮细胞,主要以Ⅱ型肺泡上皮细胞为主。这些增生脱落的细胞伴随大量渗出液体,经呼吸道从鼻腔排出。从而可以从病羊鼻腔分泌物的推片染色镜检中特异性地发现有大量Ⅱ型肺泡上皮细胞存在。病后期肺切面有水肿液流出。

　　【诊　断】　目前,对于活体绵羊是否患有绵羊肺腺瘤病还没有一种很明确的诊断方法,对本病的诊断主要依靠病史、临床症状、病理剖检和组织学变化进行。对可疑的病羊做驱赶试验,观察呼吸数变化、咳嗽和流鼻液情况。提起病羊后躯,使头部下垂,根据鼻液流出情况可做出初步诊断。在感染羊的循环血液中检测不到相应抗体,只能通过分子克隆技术而获得融合蛋白,用来免疫家兔或山羊,产生的抗血清即能与融合蛋白起抗原抗体反应,也能与被检样品中的绵羊肺腺瘤病毒起反应,从而达到诊断的目的。

当病羊通过上述方法初步诊断为本病时,可对病羊进行以下几方面的检测:①光镜下观察病羊鼻腔分泌物。②病毒抗原检测,即对病羊的分泌物或肺脏匀浆进行酶联免疫吸附试验和免疫印迹试验。③动物接种试验。④绵羊肺腺瘤病反转录病毒(JSRV)的克隆和序列分析使建立有效的聚合酶链式反应技术诊断方法成为可能。

【预防和治疗】 目前还没有用于防治本病的疫苗。本病的防治应严禁从有病国家和羊群引进动物。在发生本病地区,将临床发病羊全部屠宰、淘汰,发病羊群应隔离。对圈舍和草场等环境进行严格消毒并空闲一定时间再重新使用。在非疫区,严禁从疫区引进绵羊和山羊,如引进种羊,须严格检疫后隔离,进行长时间观察和定期临床检查,如无异状再行混群。消除和减少诱发本病的各种因素,加强饲养管理,改善环境卫生,防止疾病的发生。

绵羊肺腺瘤病是 2008 年中华人民共和国农业部公告第 1125 号规定的三类动物疫病,由于本病分布广泛和病死率极高,给养羊业带来严重危害,目前已引起兽医学界的广泛关注。作为进出口检疫部门,加强对本病的研究和对本病的诊断可对我国进出口羊检疫提供有效方法,并且对病羊群的检疫、净化和清群提供帮助,以防止绵羊肺腺瘤病的传入传出。

四、蓝舌病

【病 原】 病原为蓝舌病病毒,病毒抵抗力很强,在 50% 甘油中可存活多年,对 3% 氢氧化钠溶液很敏感。已知本病毒有多种血清型,各型之间无交互免疫力。

【**流行病学特点**】　绵羊易感,牛和山羊的易感性较低。发病具有严格的季节性,多发生于湿热的夏季和早秋。主要由各种库蠓昆虫传播,本病的分布与这些昆虫的分布、习性和生活史密切相关。特别多见于池塘河流多的低洼地区。流行地区的牛也可能呈急性感染或为带毒牛。对本病来说,牛是宿主,库蠓是传播媒介,而绵羊是临床症状表现最严重的动物。

【**临床症状**】　潜伏期为 3～8 天,病初体温升高达 40.5℃～41.5℃,稽留 5～6 天。病羊表现厌食、委顿、流涎,口、唇水肿延至面部、耳部,甚至颈部和腹部。口腔黏膜充血,后发绀,呈青紫色。在发热几天后,口腔连同唇、牙龈、颊、舌黏膜糜烂,致使吞咽困难;随着病程的发展,在溃疡损伤部位渗出血液,唾液呈红色,口腔发臭。鼻流炎性、黏液性分泌物,鼻孔周围结痂,引起呼吸困难和鼾声。有时蹄冠、蹄叶发生炎症,触之敏感,呈不同程度的跛行,甚至膝行或卧地不动。病羊消瘦、衰弱,有的便秘或腹泻,有时腹泻带血,早期有白细胞减少症。病程一般为 6～14 天,发病率一般为30%～40%,病死率 2%～3%,有时高达 90%,患病不死的经10～15 天症状消失,6～8 周后蹄部也恢复。妊娠 4～8 周的母羊遭受感染时,其分娩的羔羊约有 20%发育缺陷,如脑积水、小脑发育不足、回沟过多等。

【**诊　断**】　根据典型症状和病变可以做出初步诊断,如发热、白细胞减少,口和唇肿胀和糜烂,跛行,行动强直,蹄的炎症及流行季节等。也可进行血清学诊断,方法有补体结合试验、中和试验、琼脂扩散试验、直接和间接荧光抗体技术、酶标记抗体法、核酸电泳分析与核酸探针检验等,其中以琼脂扩散试验较为常用。

【**预防和治疗**】　对病羊要精心护理,给予易消化的饲料,每天用温和的消毒液冲洗口腔和蹄部,必须注意病羊的营养状态。预防继发感染可用磺胺类药物或抗生素,有条件的地区或单位,扑杀病羊或分离出病毒的阳性羊;血清学阳性羊要定期复检,限制其流动,就地饲养使用,不能留作种用。

五、羊口疮(传染性脓疱皮炎)

【病　原】　病原为滤过性口疮病毒。其形态与羊痘病毒相似。病痂内的病毒在炎热的夏季经过 30～60 天即失去传染力,但在秋、冬季节散播在土壤里的病痂病毒,到翌年春季仍有传染性。

【流行病学特点】　主要传染源是病羊,通过接触传染。也可经污染的羊舍、草场、草料、饮水和用具等感染。感染门户是损伤的皮肤和黏膜。

【临床症状】　主要发生于两侧口角部、上下唇的内外面、齿龈、舌尖表面及硬腭等处,少数见于鼻孔及眼部。病初口角或上下唇的内外侧充血,出现散在的红疹。以后红疹数目逐渐增加,患部肿大,并形成脓疱。经 2～4 天红疹全部变为脓疱。脓疱迅速破裂,形成无皮的溃疡,以后形成一层灰褐色痂块。痂块逐渐增大,结成黑色赘疣状的痂块,摸起来极为坚硬。如剥除痂块,疮面凹凸不平,容易出血。延及到舌面、齿龈及硬腭的病变,常常烂成一片,但不发生结痂过程。

【诊　断】　羔羊发病率高而严重,传播迅速。患病局限于唇部的为多数。病变特点是形成疣状结痂,痂块下的组织增生呈桑葚状。

【预防和治疗】　定期注射口疮疫苗。用 0.1% 高锰酸钾溶液清洗,10～15 天即可痊愈。

六、小反刍兽疫

小反刍兽疫(Peste des Petits Ruminants,PPR)也称羊瘟,是由副黏病毒科、麻疹病毒属的小反刍兽疫病毒(PPRV)引起的以发热、口炎、腹泻、肺炎为特征的急性接触性传染病,山羊和绵羊易感,山羊发病率和病死率均较高。世界动物卫生组织将其列为法定报告动物疫病,我国将其列为一类动物疫病。2007 年 7 月份,小反刍兽疫首次传入我国。

【病　　原】　小反刍兽疫病毒属副黏病毒科、麻疹病毒属,与牛瘟病毒有相似的物理、化学及免疫学特性。病毒呈多形性,通常为粗糙的球形。病毒颗粒较牛瘟病毒大,核衣壳为螺旋中空杆状并有特征性的亚单位,有囊膜。病毒可在胎绵羊肾、胎羊及新生羊的睾丸细胞、Vero 细胞上增殖,并产生细胞病变(CPE),形成合胞体。

【流行病学特点】　主要感染山羊、绵羊、羚羊、美国白尾鹿等小反刍动物,山羊发病比较严重。牛、猪等可以感染,但通常为亚临床经过。目前,主要流行于非洲西部、中部和亚洲的部分地区。本病主要通过直接和间接接触传播或呼吸道飞沫传播。本病的传染源主要为患病动物和隐性感染动物,处于亚临床型的病羊尤为危险。病羊的分泌物和排泄物均含有病毒。

山羊和绵羊是本病唯一的自然宿主,山羊比绵羊更易感,且临床症状比绵羊更为严重。不同品种的山羊易感性有差异。

本病主要通过直接或间接接触传播,感染途径以呼吸道为主。本病一年四季均可发生,但多雨季节和干燥寒冷季节多发。本病潜伏期一般为 4～6 天,也可达到 10 天,《国际动物卫生法典》规定潜伏期为 21 天。

【临床症状】　山羊临床症状比较典型,绵羊症状一般较轻微。

病羊突然发热,第二至第三天体温可达 40℃～42℃。发热持续 3 天左右,病羊死亡多集中在发热后期。病初有水样鼻液,此后变成大量的黏脓性卡他样鼻液,阻塞鼻孔造成呼吸困难。鼻内膜发生坏死。眼流分泌物,遮住眼睑,出现眼结膜炎。发热症状出现后,病羊口腔内膜轻度充血,继而出现糜烂。初期多在下齿龈周围出现小面积坏死,严重病例迅速扩展到牙龈、硬腭、颊和颊乳头以及舌,坏死组织脱落形成不规则的浅糜烂斑。部分病羊口腔病变温和,并可在 48 小时内愈合,这类病羊可很快康复。

多数病羊后期出现带血水样腹泻,造成迅速脱水和体重下降。妊娠母羊可发生流产。

易感羊群发病率通常达 60% 以上,病死率可达 50% 以上。特急性病例发热后突然死亡,无其他症状,在剖检时可见支气管肺炎和回盲肠瓣充血。

【病理变化】 口腔和鼻腔黏膜糜烂坏死;支气管肺炎,肺尖肺炎;有时可见坏死性或出血性肠炎,盲肠、结肠近端和直肠出现特征性条状充血、出血,呈斑马状条纹;有时可见淋巴结特别是肠系膜淋巴结水肿,脾脏肿大并可出现坏死病变。组织学上可见肺部组织出现多核巨细胞以及细胞内嗜酸性包涵体。

【诊　断】 实验室检测活动必须在生物安全三级以上实验室进行。

1. 病原学检测 病料可采用病羊口鼻棉拭子、淋巴结或血沉棕黄层。可采用细胞培养法分离病毒,也可直接对病料进行检测;病毒检测可采用反转录聚合酶链式反应(RT-PCR),结合核酸序列测定,也可采用抗体夹心酶联免疫吸附试验。

2. 血清学检测 可采用小反刍兽疫单抗竞争酶联免疫吸附试验检测法。

结果判定:山羊或绵羊出现急性发热、腹泻、口炎等症状,羊群发病率、病死率较高,传播迅速,且出现肺尖肺炎病理变化时,可判定为疑似小反刍兽疫。

符合疑似小反刍兽疫条件,且血清学或病原学检测呈阳性,可确诊为小反刍兽疫。

【预　防】 严禁从存在本病的国家或地区引进相关动物。在发生本病的地区,可进行小反刍兽疫疫苗进行免疫接种。

一旦发生本病,应按《中华人民共和国动物防疫法》规定,采取紧急、强制性的控制和扑灭措施,扑杀患病和同群动物。疫区及受威胁区的动物进行紧急预防接种。

第三节　常见混合感染性疾病

一、感　冒

　　本病主要是由于对羊只管理不当或因寒冷突然袭击所致。如圈舍条件差,羊只在寒冷天气突然外出放牧或露宿,或出汗后拴在潮湿阴凉、有穿堂风的地方等。病羊精神不振,头低耳耷,初期皮温不均,耳尖、鼻端和四肢末端发凉,继而体温升高,呼吸、脉搏加快。鼻黏膜充血、肿胀,鼻塞不通,初流清鼻液,鼻黏膜发痒,不断喷鼻,并在墙壁、饲槽擦鼻止痒。食欲减退或废绝,反刍减少或停止,鼻镜干燥,肠音不整或减弱,粪便干燥。

　　治疗以解热镇痛、祛风散寒为主。肌内注射复方氨基比林注射液 5～10 毫升,或 30％安乃近注射液 5～10 毫升,或复方奎宁、百尔定、穿心莲、柴胡、鱼腥草等注射液。

　　为防止继发感染,可与抗菌药物同时应用。如复方氨基比林注射液 10 毫升、青霉素 160 万单位、硫酸链霉素 50 万单位,加蒸馏水 10 毫升,分别肌内注射,每天 2 次。病情严重时,可静脉注射青霉素 640 万单位,同时配以皮质激素类药物,如地塞米松等。

　　也可用感冒通,每次 2 片,每天 3 次,口服。

二、胃肠炎

　　胃肠炎是胃肠黏膜及其深层组织的出血性或坏死性炎症。

　　【病　因】　羊采食大量冰冻或发霉的饲草、饲料,或饲料中混有化肥或具有刺激性的药物均可导致发病。

　　【临床症状】　病羊食欲废绝,口腔干燥、发臭,舌面覆有黄白苔,常伴有腹痛。肠音初期增强,以后减弱或消失,不断排稀便或水样粪便,气味腥臭或恶臭,粪便中混有血液及坏死组织片。由于腹泻,可引起脱水。

【防　治】　口服磺胺脒 4~8 克、碳酸氢钠 3~5 克。或用青霉素 40 万~80 万单位、链霉素 50 万单位,一次肌内注射,连用 5 天。脱水严重的宜输液,可用 5% 葡萄糖注射液 150~300 毫升、10% 樟脑磺酸钠注射液 4 毫升、维生素 C 100 毫克混合,静脉注射,每天 1~2 次。也可用土霉素或四环素 0.5 克,溶解于生理盐水 100 毫升中,静脉注射。

三、羔羊痢疾

羔羊痢疾是初生羔羊的一种急性传染病,以羔羊持续腹泻为主要特征,主要危害 7 日龄以内的羔羊,死亡率很高。根据病原不同可分为厌气性羔羊痢疾和非厌气性羔羊痢疾,其中前者的病原体为产气荚膜梭菌,后者的病原体为大肠杆菌。

【病　因】　引起羔羊痢疾的病原微生物主要为大肠杆菌、沙门氏杆菌、魏氏梭菌、肠球菌等。这些病原微生物可混合感染或单独感染而使羔羊发病。传染途径主要是通过消化道,但也可经脐带或伤口感染。本病的发生和流行与妊娠母羊营养不良、羔羊护理不当、产羔季节天气突变、羊舍阴冷潮湿有很大关系。

【临床症状】　本病自然感染的潜伏期为 1~2 天。病羔体温微升或正常,精神不振,行动不活泼,被毛粗乱,孤立在羊舍一边,低头拱背,不想吃奶,眼睑肿胀,呼吸、脉搏增快,不久则发生持续性腹泻,粪便恶臭,开始为糊状,后变为水样,含有气泡、黏液和血液。粪便颜色不一,有黄色、绿色、黄绿色、灰白色等。到病的后期,常因虚弱、脱水、酸中毒而导致死亡。病程一般为 2~3 天。也有的病羔腹胀,仅排少量稀便,主要表现神经症状,四肢瘫软,卧地不起,呼吸急促,口流白沫,头向后仰,体温下降,最后昏迷死亡。

剖检主要病变在消化道,肠黏膜有卡他性出血性炎症,内有血样内容物,肠肿胀,小肠溃疡。

【诊　断】　根据羔羊食欲减退、精神委靡,卧地不起,初排黄色稀汤状粪便,后变为血样紫黑色稀便,再结合其他症状可做出诊断。

【预　防】　加强妊娠母羊及哺乳期母羊的饲养管理,保持妊娠母羊的良好体质,以便产出健壮的羔羊。做好接羔护羔工作,产羔前对产房进行彻底消毒,可选用1%～2%热氢氧化钠溶液或20%～30%石灰水喷洒羊舍地面、墙壁及产房一切用具;冬、春季节做好新生羔羊的保温工作。

也可进行药物或疫苗预防。刚分娩的羔羊留在舍内饲养,可口服青霉素片(236毫克/片),每天1～2片,连用4～5天;灌服土霉素,每次0.3克,连用3天;在羔羊痢疾常发生的地区,可用羔羊痢疾疫苗给妊娠母羊进行2次预防接种,第一次在产前25天,皮下注射2毫升,第二次在产前15天,皮下注射3毫升,可获得5个月的免疫期。

【治　疗】　①土霉素、胃蛋白酶各0.8克,混合后分为4包,每6小时加水灌服1次;盐酸土霉素200毫克,每6小时肌内注射1次,连用2～3天;或土霉素、胃蛋白酶各0.8克,次硝酸铋、鞣酸蛋白各0.6克,混匀后分为4包,每6小时加水灌服1次,连用2～3天。②磺胺脒、胃蛋白酶、乳酶生各0.6克,混匀后分成4包,每6小时加水灌服1次,连用2～3天;磺胺脒、乳酸钙、次硝酸铋、鞣酸蛋白各1份,充分混合,每天灌服2次,每次1～1.5克,连用数日。③严重失水或昏迷的羔羊除用上述药方外,还可静脉注射5%糖盐水20～40毫升,皮下注入阿托品注射液0.25毫克。④用胃管灌服6%硫酸镁溶液(内含0.5%甲醛溶液)30～60毫升,6～8小时后,再灌服0.1%高锰酸钾溶液1～2次。

中药疗法可用乌梅散、乌梅(去核)、炒黄连、郁金、甘草、猪苓、黄芩各 10 克,诃子、焦山楂、神曲各 13 克,泽泻 8 克,干柿饼 1 个(切碎)。将以上各药混合捣碎后加水 400 毫升,煎汤至 150 毫升,以红糖 50 克为引,用胃管灌服,每只每次 30 毫升。如腹泻不止,可再服 1～2 次。还可用承气汤加减,大黄、酒黄芩、焦栀子、甘草、枳实、厚朴、青皮各 6 克,将以上各药混合后研碎加水 400 毫升,煎汤 150 毫升再加入芒硝 16 克(另包),用胃管灌服。

四、羔羊肺炎

由于新生羔羊的呼吸系统在形态和功能上发育不足,神经反射尚未成熟,故最容易发生肺炎。多在早春和晚秋天气多变的季节发生,发病恢复后的羔羊生长发育会受阻。

【病　因】　羔羊肺炎主要是因为天气剧烈变化导致感冒加重所致,并无特殊的致病性病原菌。另外,羔羊体质不健壮和外界环境不良也会导致肺炎发生。

妊娠母羊在冬季营养不足,翌年春季产出的羔羊就会大批发生肺炎,因为母羊营养不良,会直接影响羔羊,导致羔羊先天发育不足,初生重过小,抵抗力弱,容易患病。在初乳不足,或初乳期以后产奶量不足,会影响羔羊的健康发育,导致肺炎发生。运动不足和维生素缺乏,也容易使羔羊发生肺炎。另外,圈舍通风不良,羔羊拥挤,空气污浊对呼吸道产生不良刺激,天气酷热或突然变冷,或夜间圈舍门窗关闭不好,羔羊受到贼风或低温侵袭等,均可导致肺炎发生。

【临床症状】　病初咳嗽,流鼻液,很快发展为呼吸困难,心跳加快,食欲减少或废绝。病羊精神委靡,被毛粗乱而无光泽,有黏性鼻液或干固的鼻痂。呼吸促迫,每分钟达 60～80 次,有的达到 100 次以上。体温升高,病后 2～3 天可高达 40℃ 以上,听诊有啰音。

【预　防】　天气晴朗时,让羔羊在棚外活动,接受阳光照射,加强运动，增强对外界环境的适应能力，勤清除圈舍内的污物，更换垫料，使圈舍适当通风，保持空气新鲜、干燥。给羔羊喂奶时注意温度，务必使羔羊吃饱，增强其抵抗寒冷能力。注意保温，喂给易于消化且营养丰富的饲料，给予充足的清洁饮水。注意妊娠母羊的饲养，供给充足的营养，特别是蛋白质、维生素和矿物质，以保证胎儿的发育，提高羔羊的产重。保证初乳及哺乳期奶量的充足供给。加强管理，减少同一羊舍内羔羊的密度，保证羊舍清洁卫生，注意夜间防寒保暖，避免贼风及穿堂风的侵袭，尤其是天气突然变冷时，更应特别注意。当羔羊群中发生感冒较多时，应给全群羔羊服用磺胺二甲基嘧啶，以预防继发肺炎。预防剂量可比治疗剂量稍小，一般连用3天即有预防效果。

【治　疗】　肌内注射青霉素（每千克体重1万～1.5万单位）、链霉素（每千克体重10毫克）或口服磺胺二甲基嘧啶（每千克体重0.07克）；严重时，静脉滴注50万单位四环素葡萄糖注射液，并配合给予解热、祛痰和强心药物。

1. 及时隔离，加强护理　尽快消除引起肺炎的一切外界不良因素。为病羊提供良好的条件，如放在宽大而通风良好的圈舍，铺足垫料，保持温暖，以减轻咳嗽和呼吸困难。

2. 应用抗生素或磺胺类药物　磺胺二甲基嘧啶，口服，对于人工哺乳的羔羊，可放在奶中喝下，这样既可避免注射用药的麻烦，又可避免羔羊注射时的痛苦。每只羔羊每天服2克，分为3～4次服下，连用3～4天。或可肌内注射青霉素或链霉素，也可静脉注射四环素。对于严重病例，还可采用气管注射或胸腔注射。气管注射时，可将青霉素20万单位溶于3毫升0.25％盐酸普鲁卡因注射液中，或将链霉素0.5克溶于3毫升蒸馏水中，每天2次。胸腔注射时，可在倒数第六至第八肋间、背中线向下4～5厘米处进针1～2厘米深，青霉素剂量为：1月龄以内的羔羊10万单位，1～3月龄羔羊20万单位，每天2次，连用2～3天。在采用抗生素或磺胺类药物治疗时,当体温下降以后,不可立即中断治疗,要再用同量或较小量持续使用1~2天,以免复发。因为复发病例的症状更为严重,用药效果也差,故应加倍注意。

3. 中药疗法 如咳嗽剧烈,可用款冬花、桔梗、知母、杏仁、郁金各6克,玄参、金银花各8克,水煎后一次灌服;清肺祛痰可用黄芩、桔梗、甘草各8克,栀子、白芍、桑白皮、款冬花、陈皮各7克,麦冬、瓜蒌各6克,水煎后一次灌服。

在治疗过程中,必须注意心脏功能的调节,尤其是小循环的改善,因此可以多次注射咖啡因或樟脑制剂。

五、子宫内膜炎

羊子宫内膜炎主要是因某些病原微生物感染而导致,可能成为显著的流行病。

【病 因】 造成羊子宫内膜炎的主要原因是繁殖管理不当,常见病因如下。

第一,配种时消毒不严。基层配种站和个体种畜户,在本交配种时对种公羊阴茎和母羊外阴部不清洗、不消毒或清洗、消毒不严;人工授精时对所用器械消毒不严格,或用同一支输精管,不经消毒而给多头母羊输精。

第二,分娩时造成子宫、阴道黏膜损伤和感染。农村母羊产羔多无产房,又无清洗母羊后躯的习惯,加上一些助产人员接产时不注意清洗、消毒手臂和工具,母羊分娩时阴道外露受到污染,或将粪渣、草屑、灰尘黏附于阴道壁上,分娩后阴道内收,将污物带进体内,有时甚至子宫外翻受污,也不进行清洗消毒,致使子宫、阴道受到感染。

第三,人工授精时,操作人员技术不熟练或操作时间过长,输精工具刺伤母羊子宫颈,导致子宫颈炎和子宫颈糜烂,继而引发子宫内膜炎。

第四,对患有子宫、阴道疾病的母羊,不经过检查,即让健康种公羊与其交配,后让这只公羊与其他健康母羊交配,造成生殖道疾病的进一步散播。

第五,流产、死胎在腹中腐败、阴道或子宫脱出、胎衣不下、子宫损伤、子宫复旧不全及子宫颈炎,未能及时治疗和处理,可继发或并发子宫、阴道疾病。

第六,常给母羊饮用池塘、污水坑等被污染的水,可能导致发病。

第七,冲洗子宫时使用的消毒性或腐蚀性药液浓度过大,使阴道及子宫黏膜受到损伤而致病。

第八,某些传染病如布鲁氏菌病、寄生虫病等也可引起子宫疾病。

【临床症状】　根据临床症状可将子宫内膜炎分为急性子宫内膜炎、慢性卡他性子宫内膜炎、慢性卡他性脓性子宫内膜炎、慢性脓性子宫内膜炎、慢性隐性子宫内膜炎、子宫积液和子宫蓄脓。

1. 急性子宫内膜炎　急性子宫内膜炎多因在羊的分娩过程中,接产人员手臂、助产器具和母羊外阴部未进行消毒或消毒不严格而被细菌感染,尤其在难产、子宫或阴道脱出、胎衣不下时发生较多。母羊全身症状不明显,有时体温稍有升高,食欲减退,拱背努责,常做排尿姿势。产后几天内不断从阴门排出大量白色、灰白色、黄色或茶褐色恶臭脓液。如胎衣滞留或子宫内有腐败时,常排出带脓血、腐臭味的巧克力色分泌物。当母羊卧下时排出更多,常在其尾根及后肢关节处结痂。阴道检查时有疼痛感。

2. 慢性卡他性子宫内膜炎　母羊患慢性卡他性子宫内膜炎时,子宫黏膜松软增厚,一般无全身症状,发情周期正常,但屡配不孕。阴道检查时,可见子宫颈口开张,子宫颈黏膜松弛、充血;阴道黏膜充血或无变化;由阴道流出白色、灰白色或浅黄色的黏稠渗出物,发情时阴道流出的渗出液明显增多,且较稀薄不透明;输精或阴道检查时,可经输精管或开腔器流出大量稀薄的黏液。

3. 慢性卡他性脓性子宫内膜炎 临床上较为多见,其症状与慢性卡他性子宫内膜炎相似,子宫黏膜肿胀,剧烈充血和淤血,有脓性浸润,上皮组织变性、坏死、脱落,有时子宫黏膜有成片的肉芽组织瘢痕,可能形成囊肿。病羊出现全身症状,精神不振,体温升高,食欲减退,逐渐消瘦。阴道检查时,可发现阴道及子宫颈部充血、肿胀,黏膜上有脓性分泌物。

4. 慢性脓性子宫内膜炎 经常由阴道排出灰白色、黄白色或褐色浑浊黏稠的脓液,带有腥臭气味,发情时排出更多。尾根、阴门周围及后腿内侧被污染处长时间后变成灰黄色发亮的脓痂。发情周期紊乱。夏、秋季常有苍蝇随患病羊飞行或落在阴门、尾巴上。多数母羊出现体温升高、食欲减退、逐渐消瘦等全身症状。

5. 慢性隐性子宫内膜炎 子宫本身不发生形态学的变化,平时很难从外部发现其任何症状,一般也无病理变化。发情周期正常,但屡配不孕。取阴道深部分泌物用广泛试纸进行试验,如浸湿的试纸显示 pH 值在 7 以下,可怀疑为隐性子宫内膜炎。慢性隐性子宫内膜炎虽无明显的临床症状,但在子宫内膜炎中所占比例相当高,因其无明显症状,常不被人注意。

6. 子宫积液 子宫积液是由于变性的子宫腺体分泌功能增强,分泌物增多,同时子宫颈粘连或肿胀,堵塞子宫颈,使子宫内的液体不能排出所致。有时是因为每次发情时,分泌物不能及时排出,逐渐积聚而形成;也有的是因为子宫弛缓,收缩无力,发情时分泌的黏液滞留而造成的。病羊往往表现不发情,当子宫颈未完全阻塞时,会从阴道不定时排出稀薄的棕黄色或蛋白样分泌物。如子宫颈口完全阻塞,则见不到分泌物外流。

7. 子宫蓄脓 当患有慢性脓性子宫内膜炎时,病羊子宫黏膜肿胀,子宫颈管闭塞,或子宫颈因粘连而形成隔膜,使脓液不能排出而在子宫内蓄留,于是就形成了子宫蓄脓。母羊停止发情,举尾，不断弓腰、努责。阴道检查时，可发现阴道和子宫颈阴道部黏膜充血肿胀。

【预　防】　子宫内膜炎的预防应从饲养管理着手，进行全面预防。

加强饲养管理，防止发生流产、难产、胎衣不下和子宫脱出等疾病。预防和扑灭引起流产的传染性疾病。加强产羔季节接产、助产过程的卫生消毒工作，防止母羊子宫受到感染。抓紧治疗子宫脱出、胎衣不下及阴道炎等疾病。

【治　疗】　严格隔离病羊，不可与待分娩的羊同群喂管；加强护理，保持羊舍温暖清洁，饲喂富有营养且带有轻泻性的饲料，经常供给清水。

及时治疗急性子宫内膜炎，可全身注射青霉素或链霉素，防止转为慢性。冲洗或灌注子宫可用 $100 \sim 200$ 毫升 0.1% 高锰酸钾溶液、$1\% \sim 2\%$ 碳酸氢钠溶液或 1% 食盐水，每天 1 次或隔天 1 次。子宫内有较多分泌物时，食盐水浓度可提高至 3%，以促进炎性产物的排出，防止吸收中毒，并可刺激子宫内膜产生前列腺素，有利于子宫功能的恢复。如果子宫颈口关闭很紧，不能冲洗，可在子宫颈涂以 2% 碘酊，使其松弛。冲洗后灌注青霉素 40 万单位，或子宫内给予广谱抗菌药物，如四环素、庆大霉素、卡那霉素、金霉素、诺氟沙星、氟苯尼考等。可将 $0.5 \sim 1$ 克抗菌药物用少量生理盐水溶解，制成溶液或混悬液，用导管注入子宫，每天 2 次。也可用前列腺素类似物，促进炎症产物的排出和子宫功能的恢复。在子宫内有积液时，可注射雌二醇 $2 \sim 4$ 毫克，$4 \sim 6$ 小时后注射催产素 $10 \sim 20$ 单位，促进炎症产物排出，同时配合应用抗生素治疗，可收到较好的疗效。生物疗法可用人阴道中的窦得来因氏杆菌治疗母羊子宫内膜炎。

中药疗法可用以下处方。

处方一：当归、红花、金银花各 30 克，益母草、淫羊藿各 45 克，苦参、黄芩各 30 克,京三棱、莪术各 30 克,斑蝥 7 个,青皮 30 克。水煎灌服,每天 1 剂,轻者连用 3～5 剂,重者连用 5～7 剂。适用于膘情较好、患有各种子宫内膜炎的母羊。

处方二:土白术 60 克,苍术 50 克,山药 60 克,陈皮 30 克,酒车前子 25 克,荆芥炭 25 克,酒白芍 30 克,党参 60 克,柴胡 25 克,甘草 20 克。以黄油 250 毫升为引,水煎服,每天 1 剂,连用 2～3剂。湿热型病羊去党参,加忍冬藤 80 克、蒲公英 60 克、椿白皮 60克;寒湿型加白芷 30 克、艾叶 20 克、附子 30 克、肉桂 25 克;白带日久兼有肾虚者去柴胡、车前子,加韭菜籽 20 克、海螵蛸 40 克、覆盆子 50 克及菟丝子 50 克。

本方适用于急慢性阴道炎、子宫颈炎和急慢性卡他性子宫内膜炎。

处方三:当归 60 克,赤芍 40 克,香附 40 克,益母草 60 克,丹参 40 克,桃仁 40 克,青皮 30 克,水煎灌服,每天 1 剂,连用 2～3剂。肾虚者加桑寄生 40 克、川续断 40 克,或加狗脊 40 克、杜仲30 克;白带多者加茯苓 40 克、海螵蛸 40 克,或加车前子 30 克、白芷 25 克;卵巢有囊肿或黄体者加京三棱 25 克、莪术 25 克;有寒证者加小茴香 30 克、乌药 40 克;体质弱者加党参 60 克、黄芩 60 克。

本方适用慢性卡他性和慢性脓性子宫内膜炎。

处方四:当归 40 克,川芎 30 克,白芍 30 克,熟地黄 30 克,红花 40 克,桃仁 30 克,苍术 40 克,茯苓 40 克,延胡索 30 克,白术 40克,甘草 20 克,水煎服,每天 1 剂,连用 1～2 剂。

本方适用于慢性子宫内膜炎已基本治愈,但子宫冲洗导出液中仍含有点状或细丝状物时。

六、乳 房 炎

【病　因】　本病多因挤奶方法不当而损伤母羊乳头和乳体腺,放牧、舍饲时管理不善而划破母羊乳房皮肤,病菌通过乳头孔或伤口感染所致,另外母羊护理不当、环境卫生不良也给病菌侵入乳房创造了条件。感染的病菌主要有葡萄球菌、链球菌和肠道杆菌等。某些传染病如口蹄疫、放线菌病等也可引起乳房炎。本病以产奶量高和经产的舍饲羊多发。

【临床症状】　患侧乳房疼痛,发炎部位红肿变硬并有压痛,乳汁色黄甚至呈血性,以后形成脓肿,时间越久则乳腺小叶的损坏就越多。贻误治疗的乳房发生脓肿,最后破溃流脓,创口经久不愈,导致母羊终身失去产奶能力。

【预　防】

1. 注意保持乳房的清洁卫生　在母羊的哺乳和泌乳期,乳房胀满,加上产羔 7～15 天阴道常有恶露排出,极容易感染疾病。因此,应特别注意保持乳房的清洁卫生,经常用肥皂水和温清水擦洗乳房,保持乳头和乳晕部皮肤的清洁柔韧。羊圈舍要勤换垫料并经常打扫,保持圈舍地面清洁干燥,防止羊躺卧在泥污和粪尿上。若羔羊吸乳损伤了母羊乳头,应暂停哺乳 2～3 天,将乳汁挤出后哺喂羔羊,局部包扎或涂以 1% 甲紫溶液,能迅速治愈。

2. 坚持按摩乳房　在母羊哺乳及泌乳期,每天轻揉按摩乳房 1～2 次,随后挤净乳头孔及乳房淤汁,激活乳腺产乳和排乳的新陈代谢过程,消除导致隐性乳房炎的隐患。

3. 增加挤奶次数　羊患乳房炎与每日挤奶次数少、乳房乳汁积聚滞留时间长、造成乳房内压及负荷量加重密切相关。因此,改变传统的每日挤奶 1 次为 2～3 次,既可提高 2%～3% 的产奶量,又可减轻乳房的内压及负荷量,可有效防止乳汁凝结引发乳房炎。

4. 及时做好羊舍的防暑降温工作　夏季炎热,羊常因舍内通风不良导致中暑而引发乳房炎等疾病。因此,要及时搭盖宽敞、隔热通风的凉棚,保持圈舍通风凉爽,中午高温时要喷洒凉水降温。供给羊充足清洁的饮水,并加入适量食盐,以补充体液,增加羊体排泄量,有利于清解里热,降低血液及乳汁的黏稠度。经常给羊喂些蒲公英、紫花地丁、薄荷等清凉草药,可清热泻火,凉血解毒,防治乳房炎。

【治　疗】　经常检查乳房的健康状况,发现乳汁色黄、乳房有结块时即可采取以下治疗措施。

1. 患部敷药　用50℃的热水,将毛巾蘸湿,上面撒适量硫酸镁粉末,外敷患部。也可用鱼石脂软膏或中药芒硝200克,调水外敷,可渗透软化皮下细胞组织,活血化瘀,消肿散结。

2. 通乳散结　羊患乳房炎时乳腺肿胀,乳汁黏稠淤结很难挤出,可在局部外敷的同时,采取以下措施散淤通乳。①给羊多饮0.02%高锰酸钾溶液,以稀释乳汁的黏稠度,使乳汁变稀,易于挤出,并能消毒防腐,净化乳腺组织。②注射垂体后叶素10单位。③增加挤奶次数,急性期每小时挤奶1次,最多不超过2小时,可边挤边由下而上地按摩乳房,并用手指不住地揉捏乳房结块处,直至挤净淤汁,肿块消失。

挤净乳房淤汁后,将青霉素80万单位用5毫升生理盐水稀释,从乳头孔注入乳房内,杀灭致病细菌。

为增加疗效,抗生素治疗时应联合使用2种以上的药品,如青霉素与氨苄西林联合注射,每次青霉素160万单位,氨苄西林1克,用0.2%盐酸利多卡因注射液5毫升稀释后,加地塞米松磷酸钠10毫克,每天2～3次,连续注射,直至痊愈。

七、羔羊脐带炎

新生羔羊脐带炎是因新生羔羊脐带断端受细菌感染而引起的脐血管及周围组织发生的一种炎症。往往通过腹壁进入腹腔中所连接的组织导致炎症。实际上单纯的脐血管炎是很少存在的,常伴有邻近腹膜的炎症,甚至炎症可波及膀胱圆韧带。

【病　因】　主要是在接产或助产时,脐带断端消毒不严格,羊舍及垫料不洁净而被污染,脐带断端被污水或尿液浸渍,或群居羔羊之间互相吮吸脐带而致病,也可见于羔羊痢疾、消化不良、蝇蛆等病的侵害,脐带均可遭受细菌感染而导致发炎。

【临床症状】　根据炎症的性质和侵害部位的不同,可分为脐血管炎和坏死性脐炎。

1. 脐血管炎　病初脐孔周围组织发热、肿胀、充血,触摸有疼痛反应。脐带断端湿润,隔着脐孔捻动皮肤时,可摸到手指粗细或筷子粗细的硬固状物。脐带残段脱落后,脐孔处湿润,形成瘘孔,指压时可挤出少量化脓性液体,常带有异常臭味。脐周围常有肿块。

2. 坏死性脐炎　脐带残端湿润、肿胀,呈淡红色,带有恶臭气味。炎症常波及脐孔周围组织,而引起蜂窝织炎和脓肿。

脐带残端脱落后,脐孔处可见有肉芽赘生,形成溃疡面,有脓性渗出物。有时病原微生物沿脐静脉侵入肺脏、肝脏、肾脏和其他脏器,引起败血症或脓毒败血症时,羔羊表现精神沉郁、食欲减退、体温升高、呼吸急促等症状。

【预　防】　接产时对脐部要严格消毒,做好圈舍清洁卫生工作。在母羊产前搞好产前卫生,产房保持通风、干燥,勤换垫料。接羔时可人工结扎脐带,以促其干燥、坏死、脱落,严格对脐带消毒。同时,要加强产羔舍卫生以及羔羊的护理,防止羔羊互相吮吸脐带。

【治　疗】　脐孔或周围组织发炎或脓肿时,局部涂以5%碘酊和松节油的等量合剂。应用0.1%高锰酸钾溶液清洗局部,用5%碘酊消毒净化组织,撒布磺胺粉,用敷料包扎,在脐孔周围皮下分点注射青霉素普鲁卡因注射液。

如脐内脐血管肿胀及周围有肿胀,应用外科手术法切开排脓,并用3%过氧化氢溶液或0.1%碘酊消毒。如体温升高时,肌内或静脉注射抗菌药物。脐带坏死时,必须切除脐带残端,除去坏死组织,消毒洗净后,再涂以碘仿醚或5%碘酊。必要时可用硫酸粉或

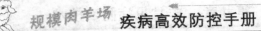

高锰酸钾粉腐蚀赘生肉芽。最后向创口撒布碘仿醚或磺胺粉。为控制感染,防止炎症扩散,应肌内注射抗生素。可用青霉素、链霉素各 50 万单位/千克体重,肌内注射。磺胺嘧啶钠,0.2 克/千克体重,一次灌服,维持剂量减半,连用 5 天。也可用青霉素 50 万单位、0.25％盐酸普鲁卡因注射液 4 毫升,溶解混合,腹腔注射。

八、羔羊副伤寒

羔羊副伤寒的病原以都柏林沙门氏菌和鼠伤寒沙门氏菌为主。发病羔羊以急性败血症和下痢为主要症状。

【临床症状】 羔羊副伤寒(下痢型)多见于 15～30 日龄的羔羊,病羊体温升高达 40℃～41℃,食欲减退,腹泻,排黏性带血稀便,有恶臭味;精神委顿,虚弱,低头,拱背,继而倒地,经 1～5 天死亡。

【预 防】 发现症状后,立刻严格隔离,以免扩大传染。同时,给予容易消化的奶,可以加入适量温开水,少量多次喂给。为了增强抵抗力,可用初乳和酸乳进行饮食预防。给予较长时间、较大量的酸乳,可以使羔羊获得足够的免疫体和维生素 A,并能促进其生长发育和预防肠道细菌的危害。也可以在羔羊出生后 1～2 小时皮下注射母血 5～10 毫升进行预防。

【治 疗】 ①大量补液,这在提高疗效中非常重要。②应用磺胺类药物或抗生素治疗。磺胺类药物可用磺胺脒,抗生素可用土霉素或金霉素,口服或肌内注射,抗生素静脉注射效果更好,但至少连用 5 天。③应用噬菌体口服或静脉注射,往往在第一次应用后,即可见病情好转。

九、腐 蹄 病

【病 原】 病原为坏死杆菌,属于厌氧菌,广泛存在于土壤和粪便中,低湿条件适于其生存。抵抗力较弱,一般消毒药作用10～

20 分钟即可将其杀死。

【传染途径】 细菌多通过损伤的皮肤侵入机体,常发于湿热的多雨季节。

【临床症状】 主要表现为跛行。检查蹄部时可见蹄间隙、蹄踵和蹄冠红肿、发热,有疼痛反应,以后溃烂,挤压有恶臭脓液流出。

【诊 断】 一般根据临床症状(发生部位、坏死组织的恶臭味)和流行特点,即可做出诊断。

【预 防】 加强蹄部护理,经常修蹄,避免蹄伤;夏季注意圈舍卫生,定期消毒;定期用 10% 甲醛溶液浴蹄。

【治 疗】 除去患部坏死组织直到露出干净创面,用食醋、4% 醋酸溶液、1% 高锰酸钾溶液、3% 来苏儿溶液或 3% 过氧化氢溶液冲洗,再用 30% 硫酸铜溶液或 6% 甲醛溶液进行蹄浴。若脓肿部分未破,应切开排脓,然后用 1% 高锰酸钾溶液洗涤,再涂擦 10% 甲醛溶液或撒以高锰酸钾粉末。对于病情严重的病羊,在局部用药的同时,应全身使用磺胺类药物或抗菌药物。

第四节 寄生虫病

一、螨 病

羊螨病是一种慢性寄生性皮肤病,是由疥螨和痒螨寄生在羊体表而引起的,短期内可引起羊群严重感染,危害严重。

【病 原】 疥螨寄生于皮肤角化层下,虫体在其挖掘的隧道内不断发育和繁殖。成虫体长 0.2～0.5 毫米,肉眼不易看见。痒螨寄生于皮肤表面,虫体长 0.5～0.9 毫米,呈长圆形,肉眼可见。

【发病特点】 本病主要发生于冬季和秋末春初。发病时,疥螨病一般始于羊皮肤柔软且短毛的部位,如嘴唇、口角、鼻面、眼圈及耳根部,以后皮肤炎症逐渐向周围蔓延;痒螨病则起始于被毛稠密和温度、湿度比较恒定的部位,如绵羊多发生于背部、臀部及尾根部,以后才向体侧蔓延。

【临床症状】 病初,虫体刺激神经末梢,引起剧痒,病羊不断在圈墙、栏柱等处摩擦;在阴雨天气、夜间、通风不好的圈舍会随着病情的加重,痒觉表现更加剧烈。继而皮肤出现丘疹、结节、水疱,甚至脓疮,以后形成痂皮和龟裂。绵羊患疥螨病时,病变主要局限于头部,病变处如干固的石灰。绵羊感染痒螨后,可见患部有大片被毛脱落。病羊因终日啃咬和摩擦患部而烦躁不安,影响采食和休息,日渐消瘦,最终可因极度衰竭而死亡。

【预防和治疗】 涂药疗法适合于病羊数量少、患部面积小时,并可在任何季节使用,但每次涂擦面积不得超过体表的1/3。可用克辽林擦剂(克辽林1份、软肥皂1份、95%酒精8份,调和即成)、5%敌百虫溶液(来苏儿5份,溶于100份温水中,再加入5份敌百虫配成)。药浴疗法适用于病羊数量多且气候温暖的季节,药浴液可用0.05%蝇毒磷乳剂水溶液、0.5%~1%敌百虫溶液、0.05%辛硫磷乳油溶液等。

二、肠道线虫病

【病　因】 羊通过采食被污染的牧草或饮水而感染。

【临床症状】 以贫血、消瘦、腹泻和便秘交替发生以及生产性能降低为主要特征。患病动物结膜苍白,下颌间和下腹部水肿,腹泻或便秘,体质瘦弱,严重时造成死亡。

【预　防】 加强饲养管理及卫生消毒工作,进行计划性驱虫。可用噻苯唑等进行药物预防。

【治　疗】 丙硫咪唑,5~20毫克/千克体重,口服。吩噻唑,0.5~1毫克/千克体重,混入稀面糊中或用面粉制成丸剂口服。噻苯唑,50~100毫克/千克体重,口服,对成虫和未成熟虫体都有良好的驱除效果。驱虫净,10~15毫克/千克体重,配成5%溶液灌服。

三、绦虫病

本病分布很广,能引起羔羊发育不良,甚至死亡。

【病　原】　本病的病原为绦虫,比较常见的有扩展莫尼茨绦虫和贝氏莫尼茨绦虫,是一种长带状且由许多扁平体节组成的蠕虫,寄生在羊的小肠中,羊放牧时吞食含有绦虫卵的地螨而引起感染。

【临床症状】　感染绦虫的病羊一般表现为食欲减退、饮欲增加、精神不振、虚弱、发育迟滞,严重时病羊腹泻,粪便中混有成熟绦虫节片。病羊迅速消瘦、贫血,有时出现回旋运动或头部后仰的神经症状。有的病羊因虫体集结成团引起肠阻塞,导致腹痛甚至肠破裂,最后因腹膜炎而死亡。后期病羊经常做咀嚼动作,口周围有许多泡沫,最后死亡。

【预　防】　采取圈养的饲养方式,以免羊吞食地螨而感染。避免在低湿地放牧,也尽可能避免在清晨、黄昏和雨天放牧,以减少感染机会。定期驱虫,舍饲改放牧前对羊群进行驱虫,放牧1个月内驱虫2次,1个月后驱虫3次,驱虫后的羊粪便要及时集中堆积发酵或沤肥,至少2~3个月才能杀灭虫卵。经过驱虫的羊群,不要到原地放牧,及时转移到清净的安全牧场,可有效地预防绦虫病的发生。

【治　疗】　丙硫咪唑,15~20毫克/千克体重,口服;苯硫咪唑,60~70毫克/千克体重,口服;氯硝柳胺,50~70毫克/千克体重,口服;硫双二氯酚,75~100毫克/千克体重,混于饲料中喂给或灌服。

四、焦虫病

【病　原】　焦虫病是由蜱传播的,是一种季节性很强的地方性流行病。

【临床症状】　病羊精神沉郁,食欲减退或废绝,体温升高至

40℃～42℃,呈稽留热型。呼吸促迫,喜卧地。反刍及胃肠蠕动减弱或停止。初期便秘,后期腹泻,粪便中带有血丝。病羊尿液浑浊或排血尿,可视黏膜充血,部分病羊眼有分泌物,继而出现贫血和轻度黄疸,中、后期病羊高度贫血,血液稀薄,结膜苍白。肩前淋巴结肿大,有的颈下、胸前、腹下及四肢发生水肿。

【预　防】　在秋、冬季节应搞好圈舍卫生,消灭越冬硬蜱的幼虫;春季刷拭羊体时,要注意观察和手工除蜱,也可向羊体喷洒敌百虫溶液驱除硬蜱。

加强检疫,不从疫区引进羊,新引进的羊要隔离观察,严格把好检疫关。

在流行地区,于发病季节前,每隔 15 天用三氮脒预防注射 1 次,注射时按 2 毫克/千克体重配成 7%注射液肌内注射。

【治　疗】　贝尼尔(三氮咪、血虫净),3.5～3.8 毫克/千克体重,配成 5%注射液,分点深部肌内注射,每日或隔日 1 次,连用 2～3 次;阿卡普啉(硫酸喹啉脲),0.6～1 毫克/千克体重,配成 5%注射液,分 2～3 次间隔数小时皮下或肌内注射,连用 2～3 天。另外,应加强强心、补液、缓泻、灌肠等对症治疗。

五、羊鼻蝇蛆病

本病是羊鼻蝇幼虫寄生在羊的鼻腔或额突里,并引起以慢性鼻炎为主要症状的一种寄生虫病。

【发病特点】　羊鼻蝇成虫多在春、夏、秋季出现,尤以夏季为多。成虫在 6～7 月份开始接触羊群,雌虫在牧地、圈舍等处飞翔,钻入羊鼻孔内产卵,卵发育为幼虫,幼虫经 3 期幼虫阶段发育成熟后,从鼻腔深部逐渐爬出,当病羊打喷嚏时,幼虫被喷出,落于地面,钻入土中或羊粪堆内化为蛹,经 1～2 个月后变为成蝇。雌、雄交配后,雌虫又侵袭羊群再产卵繁殖。

【临床症状】　病羊表现为精神委靡不振,可视黏膜呈淡红色,鼻孔有分泌物,摇头、打喷嚏,共济失调,头弯向一侧旋转或发生痉挛、麻痹,听力、视力降低,后肢举步困难,有时站立不稳,跌倒而死亡。

【预防和治疗】　用1%～2%敌百虫溶液5～10毫升做鼻腔注入,或用长针头穿刺骨泪泡,注入敌百虫注射液0.1千克/千克体重,或在颈部皮下注射。

第五节　营养代谢病

一、绵羊妊娠毒血症

绵羊妊娠毒血症是由于碳水化合物和挥发性脂肪酸代谢障碍而导致的亚急性代谢病,以低血糖、酮血症、酮尿症、虚弱和失明为主要特征,主要发生于怀双羔或三羔的羊,在5～6岁的绵羊比较多见。主要临床表现为精神沉郁、食欲减退、共济失调、呆滞凝视、卧地不起,甚至昏迷、死亡等,给养羊户造成一定的经济损失。本病主要发生于妊娠最后1个月,以分娩前10～20天多发,发病后1天内即可死亡,死亡率可达70%～100%。

【病　因】　多种情况均能引起本病发生。

1. **营养**　营养不足的羊患病较多。营养丰富的羊也可患病,但一般在症状出现以前,体重有减轻现象,胎儿消耗大量营养物质,不能按比例增加自身营养。饲养管理不善,饲料品种单一,维生素及矿物质缺乏;冬草贮备不足,母羊因饥饿而造成身体消瘦;妊娠母羊因患其他疾病,影响食欲;或喂给精饲料过多,特别是在缺乏粗饲料的情况下饲喂给含蛋白质和脂肪过多的精饲料时,均容易导致本病发生。

2. **环境**　气温过低,母羊免疫力下降,舍饲多而运动不足等原因均可导致本病发生。经常发生于小群绵羊,草原上放牧的大

発错误

群羊不发病。

【临床症状】 由于血糖降低,表现脑抑制状态,很像乳热症的症状。病初病羊离群孤立,放牧或运动时常落于群后。食欲减退,不喜走动,精神不振,离群呆立或卧地不起,呼出气体有丙酮味。有神经症状,表现特别迟钝或易于兴奋。

【病理变化】 尸体非常消瘦,剖检时没有显著变化。病死的母羊,子宫内常有数个胎儿,肾脏灰白而软。主要变化为肝、肾及肾上腺脂肪变性,心脏扩张。肝脏高度肿大,边缘钝,质脆,由于脂肪浸润,肝脏常变厚而呈土黄色或柠檬黄色,切面稍外翻,胆囊肿大,蓄积胆汁,胆汁为黄绿色水样。肾脏肿大,包膜极易剥离,切面外翻,皮质部为棕土黄色,满布小红点(为扩张的肾小体),髓质部为棕红色,有放射状红色条纹。肾上腺肿大,皮质部质脆、呈土黄色,髓质部为紫红色。

【诊 断】 首先应了解病羊的饲养管理条件及是否妊娠,再根据特殊的临床症状和剖检变化做出初步诊断。根据实验室检查血液、尿液、奶中的酮体、丙酮酸、血糖和血蛋白来确诊。

实验室检查时,可见血液中酮体增高至 7.25~8.7 毫摩/升或更高(高酮血症);血糖降低至 1.74~2.75 毫摩/升(低血糖症),而正常值为 3.36~5.04 毫摩尔/升。病羊血液蛋白水平下降至 4.65 克/升(血蛋白过少症)。呼出的气体有一种带甜的氯仿气味,当把新鲜奶或尿液加热到蒸汽形成时,氯仿气味更为明显。

【预 防】 加强饲养管理,合理配合日粮,尽量防止日粮成分的突然变化。在妊娠的前 2~3 个月,不要让其体重增加太多。2~3 个月以后,可逐渐增加营养。直到产羔以前,都应保持良好的饲养条件。如果没有青贮饲料和放牧地,应尽量争取喂给豆科干草。在妊娠的最后 1~2 个月,应喂给精饲料,喂量根据体况而定,从产前 2 个月开始,每天喂给 100~150 克,以后逐渐增加,到临分娩之前达到 0.5~1 千克/天;体况好的羊应该减少喂量。

第九章　羊常见病防治技术

在妊娠期内不要突然改变饲养习惯。饲养必须有规律，尤其在妊娠后期，当天气突然变化时更要注意。一定要保证运动，每天应进行放牧或运动 2 小时左右。当羊群中已出现发病情况时，应给妊娠母羊普遍补喂多汁饲料、小米米汤、糖浆及多纤维的粗草，并供给足量饮水。必要时还可加喂少量葡萄糖。

【治　疗】　妊娠毒血症发病较急，征兆不明显，死亡率高，冬、春季母羊分娩时期是本病的高发期。本病发病原因复杂，治疗效果不佳，无特效治疗药物，建议养殖期间加强饲养管理，增强营养，平衡营养水平，使用暖圈饲养技术，以提高母体免疫力。

首先给予饲养性治疗，停喂富含蛋白质及脂肪的精饲料，增加碳水化合物类饲料，如青草、块根类饲料及优质干草等。

加强运动，对于肥胖的母羊，在病初进行驱赶运动，使身体变瘦，可以见效。

大量供糖，在饮水中加入 20%～30% 的蔗糖、葡萄糖或糖浆，每天重复饮用，连用 4～5 天，可使羊逐渐恢复健康。为了见效快，可以静脉注射 20%～50% 葡萄糖注射液，每天 2 次，每次 80～100 毫升。只要肝、肾没有发生严重的结构变化，用高糖疗法都是有效的。

克服酸中毒可口服、灌肠或静脉注射 5% 碳酸氢钠注射液。

或可服用甘油，根据体重不同，每次用 20～30 毫升，直到痊愈为止。一般服用 1～2 次即可获得显著效果。

注射可的松或促皮质素，剂量及用法如下：醋酸可的松或氢化可的松 10～20 毫克，前者肌内注射，后者静脉注射（用前混于 25 倍的 5% 葡萄糖注射液或生理盐水中）。也可肌内注射促皮质素 40 单位。

妊娠末期的病例，分娩以后往往可以自然恢复健康，故人工流产同样有效。方法是用开膛器打开阴道，给子宫颈口或阴道前部放置纱布块，也可施行剖宫产术。

· 197 ·

二、生产瘫痪

生产瘫痪又称乳热症或低钙血症,是急性而严重的神经疾病。其特征为咽、舌、肠道和四肢发生瘫痪,失去知觉。本病主要见于成年母羊,发生于产前或产后数日内,偶尔见于妊娠的其他时期。山羊和绵羊均可患病,但以山羊比较多见,尤其在 2～4 胎的某些高产奶山羊,几乎每次分娩以后都重复发病。

【病　因】　舍饲、产奶量高,以及妊娠末期营养良好的羊只饲料营养过于丰富,都可成为发病诱因。由于血糖和血钙降低变为低钙状态,也能引起发病。

【临床症状】　最初症状通常出现于分娩之后,少数病例见于妊娠末期和分娩过程。病羊表现衰弱无力,病初精神沉郁,食量减少,反刍停止,后肢软弱,步态不稳,甚至摇摆。有的绵羊拱背低头,蹒跚走动。由于发生战栗和不能安静休息,呼吸常见加快。这些初期症状维持的时间通常很短,管理人员往往注意不到。此后病羊站立不稳,在企图走动时跌倒。有的羊跌倒后起立很困难。有的不能起立,头向前直伸,不食,停止排便和排尿。皮肤对针刺的反应很弱。

少数羊知觉完全丧失,发生极明显的麻痹症状。张口伸舌,咽喉麻痹,针刺皮肤无反应。脉搏先慢而弱,以后变快,勉强可以摸到;呼吸深而慢;病后期常常用嘴呼吸,唾液随着呼气吹出,或从鼻孔流出食糜。病羊常呈侧卧姿势,四肢伸直,头弯于胸部,体温逐渐下降,有时降至 36℃;皮肤、耳朵和角根冰冷,很像濒死状态。

有些病羊往往死于没有明显症状的情况下,如有的绵羊在晚上表现健康,而翌日早晨却已死亡。

【诊　断】　精确的诊断方法是分析血液样品。但由于产程很短,必须根据临床症状进行诊断。乳房通风及注射钙剂疗法效果显著,也可作为本病的诊断依据。

【预　防】　①喂给富含矿物质的饲料。单纯饲喂富含钙质的混合精饲料，似乎没有预防效果，若同时给予维生素 D，则效果较好。②产前应保持适当运动，但不可运动过度，因为过度疲劳反而容易引起发病。③对于习惯性发病的羊，可于分娩之后及早应用下列药物进行预防注射：5％氯化钙注射液 40～60 毫升，25％葡萄糖注射液 80～100 毫升，10％安钠咖注射液 5 毫升，混合后一次静脉注射。

【治　疗】　①静脉或肌内注射 10％葡萄糖酸钙注射液 50～100 毫升，或用 5％氯化钙注射液 60～80 毫升、10％葡萄糖注射液 120～140 毫升、10％安钠咖注射液 5 毫升，混合后一次静脉注射。②可利用乳房送风器进行送风疗法，没有乳房送风器时，可以用自行车打气筒代替。送风步骤如下：使羊稍呈仰卧姿势，挤出少量乳汁；用酒精棉球擦净乳头，尤其是乳头孔，然后把经煮沸消毒的导管插入乳头中，通过导管打入空气，直到乳房中充满空气为止。充满空气的标志是用手指叩击乳房皮肤时有鼓响音。注意要在乳房的两半中都要注入空气。为了避免送入的空气外逸，在取出导管时，应用手指捏紧乳头，并用纱布绷带轻轻地扎住每一个乳头的基部，过 25～30 分钟再将绷带取掉。将空气注入乳房各叶以后，小心按摩乳房数分钟，然后使羊四肢蜷曲伏卧，并用草束摩擦臀部、腰部和胸部，最后盖上麻袋或布块保温。注入空气以后，可根据情况考虑注射 50％葡萄糖注射液 100 毫升，如果注入空气后 6 小时情况并不改善，应再重复做乳房送风治疗。

三、羔羊佝偻病

羔羊佝偻病又称为小羊骨软症，俗称弯腿症，是羔羊迅速生长时期发生的一种慢性矿物质和维生素缺乏症。其特征为钙、磷代谢紊乱，骨的形成不正常。严重时骨骼发生特殊变形。多发生在冬末春初季节，绵羊羔和山羊羔均可发生。

【病　因】　饲料中钙、磷及维生素 D 中任何一种含量不足，或钙、磷比例失调，都能够影响骨的形成。因此，先天性佝偻病起因于妊娠母羊矿物质(钙、磷)或维生素 D 缺乏，影响了胎儿骨组织的正常发育。另外，羔羊在出生后紫外线照射不足，饲料本身维生素含量较低，哺乳小羊奶量不足，断奶后的小羊饲料太单纯，钙、磷缺乏或比例失衡，或维生素 D 缺乏，内分泌腺(如甲状旁腺及胸腺)功能紊乱影响钙的代谢等，也能引起羔羊佝偻病。

【临床症状】　先天性佝偻病病羔生后衰弱无力，经数天仍不能自行起立。后天性佝偻病发病缓慢，最初症状不太明显，只是病羔食欲减退，腰部膨胀，腹泻，生长缓慢。病羊步态不稳，病情继续发展，则前肢一侧或两侧发生跛行。病羊不愿起立和运动，长期躺卧，有时长期弯着腕关节站立。在发生变形以前，触摸和叩诊骨骼可发现有疼痛反应。在起立和运动时，心跳与呼吸加快。典型症状为管状骨及扁骨的形态逐渐发生变化，关节肿胀，肋骨下端出现佝偻病性念珠状物。膨起部分在初期有明显疼痛。骨质发生变化的结果是表现各种状态的弯曲，足的姿势改变，呈狗熊足或短腿犬足状态。

【诊　断】　根据迅速生长的羔羊表现步态僵硬，尤其是掌骨和跖骨远端骨骺变大、有明显的疼痛性肿胀，可做出临床诊断。

【预　防】　改善和加强母羊的饲养管理，加强运动和放牧，应特别重视饲料中矿物质的平衡，多给青绿饲料，补喂骨粉，增加幼羔的日照时间。给母羊精饲料中加入骨粉和干苜蓿粉，可以防止羔羊发病。

【治　疗】　维生素 AD 注射液 3 毫升，肌内注射;精制鱼肝油 3 毫升，灌服或肌内注射，每周 2 次。为了补充钙制剂，可静脉注射 10％葡萄糖酸钙注射液 5～10 毫升，也可肌内注射维丁胶性钙注射液 2 毫升，每周 1 次，连用 3 次。也可喂给三仙蛋壳粉，即神曲 60 克、焦山楂 60 克、麦芽 60 克、蛋壳粉 120 克，混合后每只羔羊喂给 12 克,连用 1 周。

四、羔羊白肌病

羔羊白肌病也称肌营养不良症,是伴有骨骼肌和心肌变性,并发生运动障碍和急性心肌坏死的一种微量元素缺乏症。常见于降水多的地区或灌溉地区,多发生于饲喂豆科牧草和高水平日粮的羔羊以及早期补饲的羔羊。常在 3~8 周龄急性发作。

【病　因】　缺乏硒和维生素 E 是导致本病发生的主要原因,另外与母乳中钴、铜和锰等微量元素缺乏也有关。

【症　状】　症状首先表现在四肢肌肉,初期可能影响心肌而猝死。症状也常扩展到膈、舌和食管等处肌肉。慢性病例常见有肺水肿引发的肺炎。病羊后肢僵直、拱背,有时卧倒,有哺乳或进食愿望。

【诊　断】　根据病羔精神不振,运动无力,站立困难,卧地不愿起立;有时呈现强直性痉挛状态,随即出现麻痹、血尿;死亡前昏迷,呼吸困难等临床症状可做出初步诊断,死后剖检见骨骼肌苍白、营养不良可做出确诊。

【预　防】　加强母羊的饲养管理,供给豆科牧草,母羊产羔前补硒。在母羊妊娠期间可注射 0.1%亚硒酸钠注射液 4~6 毫升,也可配合维生素 E 同时注射,每隔 15~30 天注射 1 次,连用 2~3 次即可。补饲含硒饲料、黄洛奇添砖等也有治疗效果。5~7 日龄羔羊可全部用 0.1%亚硒酸钠注射液 1.5 毫升做预防性注射,每隔 7 天注射 1 次,共用 2 次,可起到预防作用。

【治　疗】　对发病羔羊应用硒制剂治疗,如 0.2%亚硒酸钠注射液 2 毫升,每月肌内注射 1 次,连用 2 次。与此同时,应用氯化钴 3 毫克、硫酸铜 8 毫克、氯化锰 4 毫克、碘盐 3 克,加水适量口服。如辅以肌内注射维生素 E 注射液 300 毫克,则效果更佳。

有的羔羊病初不见异常,往往于放牧时受到刺激剧烈运动或过度兴奋时而突然死亡。本病常呈地方性同群发病,应用其他药物治疗不能控制病情。

第六节　消化道病

一、食管阻塞

食道阻塞是羊食道被草料或异物所堵塞,以咽下障碍为特征的疾病。

【病　因】　由于过度饥饿的羊吞食过大的块状饲料,且未经咀嚼即吞咽,使饲料块阻塞于食管造成。

【临床症状】　本病常突然发生,病羊停止采食,头颈伸直,伴有吞咽和作呕动作,或因异物吸入气管,引起咳嗽。当阻塞发生在颈部食管时,局部凸起,形成肿块,手触可感觉到异物形状;当发生在胸部食管时,病羊疼痛明显,可继发瘤胃臌气。

【预防和治疗】　平时应严格遵守饲养管理制度,避免羊只过于饥饿而发生饥不择食和采食过急的现象,以至引起本病。

阻塞物位于咽或咽后时,可装上开口器,保定好病羊,用手直接掏取,或用铁丝圈套取。阻塞物靠近贲门部时,可先将2%普鲁卡因溶液5毫升、液状石蜡30毫升混合,用胃管送至阻塞物部位,然后再用硬质胃管推送阻塞物进入瘤胃。当阻塞物易碎、表面圆滑且阻塞于颈部食管时,可在阻塞物两侧垫上布鞋底,将一侧固定,在另一侧用木槌打砸,使其破碎,被病羊咽入瘤胃。

二、前胃弛缓

前胃弛缓是前胃兴奋性和收缩力降低所导致的疾病。

【病　因】　长期饲喂粗硬难以消化的饲草,突然更换饲养方法,供给精饲料过多,运动不足,饲料品质不良、霉败冰冻、虫蛀染毒,长期饲喂单调缺乏刺激性的饲料等,均可导致本病发生。另外,也可继发于瘤胃臌气、瘤胃积食、肠炎等其他疾病。

【临床症状】 急性前胃弛缓病羊表现食欲废绝,反刍停止,瘤胃蠕动力量减弱或停止;瘤胃内容物腐败发酵,产生多量气体,左腹增大,叩触不坚实。慢性前胃弛缓病羊表现精神沉郁,倦怠无力,喜卧地;被毛粗乱;体温、呼吸、脉搏无变化;食欲减退,反刍缓慢;瘤胃蠕动力量减弱,次数减少。诊断时必须区别本病是原发性还是继发性。

【预防和治疗】 首先应消除病因,采用饥饿疗法,禁食2～3次,然后供给易消化的饲料。治疗时先投服泻剂,兴奋瘤胃蠕动,防腐止酵。成年羊可用硫酸镁20～30克或人工盐20～30克、液状石蜡100～200毫升、番木鳖酊2毫升、大黄酊10毫升,加水500毫升,一次灌服。或用10%氯化钠注射液20毫升、生理盐水100毫升、10%氯化钙注射液10毫升,混合后一次静脉注射。也可用酵母粉10克、红糖10克、95%酒精10毫升、陈皮酊5毫升,混合后加水适量,灌服。兴奋瘤胃,可用2%毛果芸香碱注射液1毫升,皮下注射。防止酸中毒可灌服碳酸氢钠10～15克。

三、瘤胃积食

瘤胃积食是瘤胃充满多量饲料,致使胃体积增大,食糜滞留在瘤胃而引起的严重消化不良性疾病。

【病 因】 羊吃入过多质量不良、粗硬易膨胀的饲料,如块根类、豆饼、霉败饲料等,或采食干饲料后饮水不足等均可导致本病发生。另外,前胃弛缓、瓣胃阻塞、创伤性网胃炎、腹膜炎、皱胃炎、皱胃阻塞等也可导致瘤胃积食的发生。

【临床症状】 本病发病较快,病羊采食、反刍停止,病初不断嗳气,随后嗳气停止,腹痛摇尾,或后蹄踏地,拱背,咩叫。病后期精神委靡,病羊呆立,不食、不反刍,鼻镜干燥,耳根发凉,口中呼出臭气,有时腹痛,用后蹄踢腹,排便量少且呈干黑状,左肷窝部臌胀。

【预防和治疗】 因本病主要是由于饲养管理不当引起,所以在预防上主要应从饲养管理着手。避免大量给予纤维干硬而不易消化的饲料,对可口喜食的精饲料要限制给量。冬季由放牧转为舍饲时,应给予充足的饮水,并应创造条件供给温水,尤其在饱食后不要给予大量冷水。

治疗原则是消导下泻,止酵防腐,纠正酸中毒,健胃补充体液。消导下泻可用液状石蜡 100 毫升、人工盐 50 克或硫酸镁 50 克、芳香氨醑 10 毫升,加水 500 毫升,一次灌服。解除酸中毒可用 5%碳酸氢钠注射液 100 毫升、5%葡萄糖注射液 200 毫升,一次静脉注射;或用 11.2%乳酸钠注射液 30 毫升,静脉注射。为防止酸中毒,可用 2%石灰水洗胃,洗胃后灌服健康羊瘤胃液。或用食醋100～200 毫升,一次口服。

四、急性瘤胃臌气

急性瘤胃臌气是由于羊胃内饲料发酵,迅速产生大量气体而导致的疾病,多发生于春末夏初放牧的羊群。

【病　因】 羊吃了大量易发酵的饲料而致病。采食霜冻饲料、酒糟或霉败变质的饲料也易导致发病。冬、春季给妊娠母羊补饲精饲料,如抢食过量可发生瘤胃臌气。秋季绵羊易发生肠毒血症,可同时出现急性瘤胃臌气;每年剪毛季节若因剪毛发生肠扭转,也可导致瘤胃臌气发生。

【临床症状】 初期病羊表现不安,回顾腹部,拱背伸腰,肷窝凸起,有时左、右肷窝向外突出高于髋节或背中线。反刍和嗳气停止。黏膜发绀,心跳加快,呼吸困难,严重者张口呼吸,步态不稳,如不及时治疗,可迅速发生窒息或心脏麻痹而死亡。

【预防和治疗】 本病大多与放牧时不注意和饲养不当有关,

因此为了预防臌气，应注意以下几点：一是初春放牧时，每日应限定时间，有危险的植物不让羊任意饱食。一般在生长良好的苜蓿地放牧时，不可超过 20 分钟，第一次放牧时更要尽量缩短时间（不可超过 10 分钟），以后逐渐延长时间，即不会发生大问题。二是帮助放牧人员掌握简单的治疗方法，放牧时要带上木棒、套管针或药物，以备不时之需。因为急性臌胀往往可在 30 分钟内引起死亡。三是不要饲喂霉烂饲料，也不要喂给大量易发酵的饲料。雨后及早晨露水未干以前不要放牧。

治疗时采取胃管放气，防腐止酵，清理胃肠。可插入胃导管放气，缓解腹压；或用 5％碳酸氢钠溶液 1 500 毫升洗胃，以排出气体及胃内容物。用液状石蜡 100 毫升、鱼石脂 2 克、95％酒精 10 毫升，加水适量，一次灌服；或用氧化镁 30 克，加水 300 毫升，或用 8％氢氧化镁混悬液 100 毫升灌服。必要时可行瘤胃穿刺放气，方法是在左肷部剪毛、消毒，然后用兽用 16 号针头刺破皮肤，插入瘤胃放气。在放气中要紧压腹壁使其紧贴瘤胃壁，边放气边下压，以防胃液漏入腹腔引起腹膜炎。

五、瓣胃阻塞

瓣胃阻塞又称瓣胃秘结，在中兽医称为"百叶干"，是由于羊瓣胃收缩力量减弱，食糜后送不充分，通过瓣胃的食糜积聚，充满于瓣叶之间，水分被吸收，内容物变干而致病。其临床特征为瓣胃容积增大、坚硬，腹部胀满，不排粪便。

【病　因】　本病主要是由于饲喂过多秕糠、粗纤维饲料且饮水不足而引起；或由于饲料和饮水中混有过多泥沙，使泥沙混入食糜，沉积于瓣胃瓣叶之间而导致发病。

另外，瓣胃阻塞还可继发于前胃弛缓、瘤胃积食、皱胃阻塞和皱胃与腹膜粘连等疾病。

【临床症状】　病初症状与前胃弛缓症状相似，瘤胃蠕动减弱，瓣胃蠕动消失，可继发瘤胃臌气和瘤胃积食。排便干少，色泽暗黑，后期排便停止。触压病羊右侧 7～9 肋间与肩关节水平线交界处，病羊表现痛苦不安，有时可以在右肋骨弓下摸到阻塞的瓣胃。如病程延长，瓣胃小叶发炎或坏死，常可继发败血症，此时可见病羊体温升高，呼吸和脉搏加快，全身衰弱，卧地不起，最后死亡。

【诊　断】　根据病史和临床表现，如病羊不排便，瓣胃区敏感、扩大、坚硬等，即可确诊。

【预　防】　避免给羊饲喂过多秕糠和坚韧的粗纤维饲料，防止导致前胃弛缓的各种不良因素。注意运动和饮水，增进消化功能，防止本病的发生。

【治　疗】　病初可用硫酸钠或硫酸镁 80～100 克，加水 1 500～2 000 毫升，一次口服；或液状石蜡 500～1 000 毫升，一次口服。同时，静脉注射促反刍注射液 200～300 毫升，增强前胃神经兴奋性，促进前胃内容物的运转与排除。

对顽固性瓣胃阻塞，可用瓣胃注射疗法。具体方法是：于右侧第九肋间隙与肩关节水平线交界处，选用 12 号针头，向对侧肩关节方向刺入约 4 厘米深，刺入后可先注入 20 毫升生理盐水，感到有较大压力，并有草渣流出，表明已刺入瓣胃，然后注入 25% 硫酸镁溶液 30～40 毫升、液状石蜡 100 毫升（交替注入瓣胃），翌日再注射 1 次。瓣胃注射后，可用 10% 氯化钙注射液 10 毫升、10% 氯化钠注射液 50～100 毫升、5% 糖盐水 150～300 毫升，混合后一次静脉注射。待瓣胃松软后，皮下注射 0.1% 氨甲酰胆碱注射液 0.2～0.3 毫升，兴奋胃肠蠕动功能，促进积聚物排出。

也可口服中药。大黄 9 克、枳壳 6 克、牵牛子 9 克、槟榔 3 克、当归 12 克、白芍 2.5 克、番泻叶 6 克、千金子 3 克、栀子 2 克，水煎一次口服。

六、皱胃阻塞

皱胃阻塞是皱胃内积满多量食糜,使胃壁扩张,体积增大,胃黏膜及胃壁发炎,食糜不能进入肠道所致。

【病　因】　因羊消化功能紊乱,胃肠分泌、蠕动功能降低造成;或者因长期饲喂细碎的饲料所致;也见于迷走神经分支损伤、创伤性网胃炎使肠与皱胃粘连、幽门痉挛、幽门被异物或毛球阻塞等所致。

【临床症状】　病程较长,初期与前胃弛缓症状相似,病羊食欲减退,排便量少,以至停止排便,粪便干燥,其上附有多量黏液或血丝;右腹皱胃区增大,病胃充满液体,冲击皱胃可感觉到坚硬的皱胃体。

【预防和治疗】　加强饲养管理,饲料不可加工得过短、过细,过细的豆秸不要搭配太多,以免影响消化功能。做到定时、定量喂料,供给足量的清洁饮水。冬季注意圈舍保暖和环境卫生。

治疗时先给病羊输液,可试用25%硫酸镁溶液50毫升、甘油30毫升、生理盐水100毫升,混合做皱胃注射;10小时后,可选用胃肠兴奋剂,如氨甲酰胆碱注射液,少量多次皮下注射。

七、瘤胃酸中毒

给羊饲喂精饲料可增膘,但精、粗饲料比例失调,精饲料(如玉米、蚕豆、豌豆、大麦、稻谷、麸皮等)喂量过多会适得其反,导致羊瘤胃酸中毒。

【临床症状】　急性发作的病羊,一般在喂料前食欲、泌乳正常,喂料后羊不愿走动,行走时步态不稳,呼吸急促、气喘,心跳增速,常于发病后3~5小时死亡。死前张口吐舌,甩头蹬腿,高声咩叫,从口内流出泡沫样含血液体。发病较缓的病羊,病初兴奋甩头,后转为沉郁,食欲废绝,目光无神,眼结膜充血,眼窝下陷,呈现严重的脱水症状;部分母羊产羔后瘫痪卧地,呻吟、流涎、磨牙,眼睑闭合,呈昏睡状态。左腹部膨胀、用手触摸可感到瘤胃内容物较软,犹如面团,多数病羊体温正常,少数病羊发病初期或后期体温稍有升高。大部分病羊表现口渴,喜饮水,尿少或无尿,并伴有腹泻症状。

【预　防】　预防羊瘤胃酸中毒最有效的方法是精饲料(特别是谷物类饲料)喂量不可超过饲养标准,对易于发病的产前、产后母羊或哺乳母羊,应多喂品质优良的青干饲料,混合精饲料喂量每顿不宜超过 250~500 克,对急需补喂多量精饲料增膘或催乳的母羊,在日粮中可按精饲料总量的 2% 补喂碳酸氢钠。

【治　疗】　静脉注射生理盐水或 5% 糖盐水 500~1 000 毫升。静脉注射 5% 碳酸氢钠注射液 20~30 毫升。肌内注射抗菌药物。当病羊表现兴奋甩头等症状时,可静脉滴注 20% 甘露醇或 25% 山梨醇注射液 25~30 毫升,使羊安静。当病羊中毒症状减轻,脱水症状得到缓解,但仍卧地不起时,可静脉注射 10% 葡萄糖酸钙注射液 20~30 毫升。

八、羔羊消化不良

羔羊消化不良是一种常见的消化道疾病,其主要特征是消化功能障碍和不同程度的腹泻。羔羊到 2~3 月龄以后,本病的发生逐渐减少。

【病　因】　母羊饲养管理不当,新生羔羊吃不到初乳或吃初乳过晚,初乳品质过差;哺乳母羊患病,母乳中含有病理产物和病原微生物;母乳中缺乏维生素,特别是维生素 A、B 族维生素、维生素 C 不足或缺乏;羔羊受寒或羊舍过潮,卫生条件差;人工给羔羊哺乳不能定时、定量,后期给羔羊补饲不当等,均可引起本病发生。

【临床症状】　羔羊消化不良多发生于哺乳期,病的主要特征是腹泻。粪便多呈灰绿色,且其中混有气泡和白色小凝块(脂肪酸皂），带有酸臭味，混有未消化的凝乳块及饲料碎片。伴有轻微臌气和腹痛现象。持续腹泻时，因脱水而皮肤弹性降低，被毛蓬乱失去光泽，眼窝凹陷。单纯性消化不良时体温一般正常或偏低。中毒性消化不良可能表现一定的神经症状，后期体温突然下降。

【诊　断】　羔羊腹围增大，触诊胃部有硬块，表现不同程度的腹泻，站立时拱背，浑身颤抖，精神沉郁，体温偏低。

【预　防】　注意改善卫生条件，清扫圈舍，将患病羔羊置于干燥、温暖、清洁的单独圈舍里，地面铺以干燥、清洁的垫料，圈舍温度应保持在 12℃以上。母羊补喂营养丰富的青草和豆类饲料。羔羊出生后，应在 1 小时内让其尽量多吃初乳。母乳不足时，可少量多次补喂其他羊只的乳汁。

【治　疗】　为排除胃肠内容物，可用油类或盐类缓泻剂；为促进消化可用乳酶生；为防止肠道感染，可用磺胺类药物加诺氟沙星配合治疗；对病程较长引起机体脱水的病例，可静脉注射 5％糖盐水，并配合维生素 C 和能量合剂辅助治疗。

多数药物治疗往往无效，可减食或绝食 1～2 天，仅喂清洁饮水或配合止泻药物。停食后开始再喂食时，应逐渐恢复喂量，且要给予易消化的米汤或乳汁。

第七节　产　科　病

一、流　产

流产又称为妊娠中断，是指由于胎儿或母体的生理过程发生紊乱，或它们之间的正常关系受到破坏，从而导致的妊娠中断。

【病因及分类】　流产的类型极为复杂，可以概括分为 3 类，即传染性流产、寄生虫性流产和普通流产（非传染性流产或散发性流产）。

1. 传染性和寄生虫性流产 传染性和寄生虫性流产主要是由布鲁氏菌、沙门氏菌、绵羊胎儿弯曲菌、衣原体、支原体、边界病及寄生虫等传染病引起的流产。这些传染病往往是侵害胎盘及胎儿引起自发性流产，或以流产作为一种症状而发生症状性流产。

2. 普通流产（非传染性流产） 普通流产又有自发性流产和症状性流产之分。自发性流产主要是胚胎或胎盘胎膜异常导致的流产，是由内因引起；症状性流产主要是由于饲养管理不当、损伤及医疗错误引起的流产，属于外因造成的流产。

【诊 断】 引起流产的原因是多种多样的，各种流产的症状也有所不同。除了个别病例的流产在刚一出现症状时可以试行抑制以外，大多数流产一旦有所表现，往往无法阻止。尤其是群牧羊只，常常是成批流产，损失严重。因此，在发生流产时，除了采用适当的治疗方法，以保证母羊及其生殖道的健康以外，还应对整个羊群的情况进行详细调查分析，观察排出的胎儿及胎膜，必要时采样进行实验室检查，尽量做出确切的诊断，然后提出有效的具体预防措施。

调查材料应包括饲养放牧条件及制度（确定是否为饲养性流产）；管理及生产情况，是否受过伤害、惊吓，流产发生的季节及天气变化（损伤性及管理性流产）；母羊是否发生过普通病、羊群中是否出现过传染性及寄生虫性疾病，治疗情况如何，流产时的妊娠月份，母羊的流产是否带有习惯性等。

对排出的胎儿及胎膜，要进行细致观察，注意有无病理变化及发育反常。在普通流产中，自发性流产表现有胎膜上的反常及胎儿畸形；真菌中毒可以使羊膜发生水肿、皮革样坏死，胎盘也水肿、坏死并增大。由于饲养管理不当、损伤及母羊疾病、医疗事故引起的流产，一般都看不到明显变化。有时正常出生的胎儿，胎膜上出现有钙化斑等异常变化。

传染性及寄生虫性因素引起的流产，胎膜及（或）胎儿常有病理变化。例如,因布鲁氏菌病引起流产的胎膜及胎盘上常有棕黄色黏脓性分泌物,胎盘坏死、出血,羊膜水肿并有皮革样的坏死区;胎儿水肿,胸腹腔内有淡红色浆液等。上述流产后常发生胎衣不下。具有这些病理变化时,应将胎儿(不要打开,以免污染)、胎膜以及子宫或阴道分泌物送实验室检验诊断,有条件时应对母羊进行血清学检查。症状性流产则胎膜及胎儿没有明显的病理变化。对于传染性的自发性流产,应将母羊的后躯及所污染的地方彻底消毒,并将母羊隔离饲养。

【预　防】　加强饲养管理,增强母羊营养,除去容易造成母羊流产的因素。当发现母羊有流产预兆时,应及时采取制止阵缩及努责的措施,可注射镇静药物,如苯巴比妥、水合氯醛、黄体酮等进行保胎。用疫苗对可引起流产的传染病进行免疫。

制订生物安全方案,引进的羊群在归群之前,先隔离1个月;维持羊良好的体况,提供充足的饲料和高质量的维生素矿物质盐混合物,让羊体储备一些能量和蛋白质,以备紧急情况下使用;在流行地区母羊在分娩前4个月和2个月分别免疫衣原体病和弧菌病(可能还有其他疾病)疫苗,如果以前免疫过,则免疫1次即可;妊娠期间,每天饲喂四环素200～400毫克,可将药物混在矿物质混合物中投喂。

避免羊群与牛和猪接触,饲料和饮水不被粪、尿污染,不要将饲料放到地上,减少羊群周围鼠、鸟和猫的数量。发生流产后,立即将胎儿样品(包括胎盘)送往实验室诊断。将产出的羔羊和买来的母羊与其他羊分开饲养。发生流产后立即做出诊断,及时处理流产组织,隔离流产母羊,治疗其他羊只,使羊群尽量生活在一个干净、应激少、宽松的环境。

【治　疗】　首先应确定造成流产的原因以及能否继续妊娠,再根据症状确定治疗方案。

1. 先兆流产　妊娠母羊出现腹痛、起卧不安、呼吸脉搏加快等临床症状,即可能发生流产。处理原则为安胎,可使用抑制子宫收缩的药物进行治疗。

肌内注射孕酮 10～30 毫克,每天或隔天 1 次,连用数次。为防止习惯性流产,也可在妊娠一定时间后使用孕酮。还可注射 1％硫酸阿托品注射液 1～2 毫升。同时,要给予镇静剂,如溴剂等。此时禁止进行阴道检查,以免刺激母羊。

如经上述处理,病情仍未稳定下来,阴道排出物继续增多,母羊起卧不安加剧;阴道检查如见子宫颈口已经开放,胎囊已进入阴道或已破水,则流产已难避免,应尽快促使子宫排出内容物,以免死亡胎儿腐败引起母羊子宫内膜炎,影响以后的繁殖性能。

如子宫颈口已经开大,可用手将胎儿拉出。流产时,胎儿的位置及姿势往往反常,如胎儿已经死亡,矫正遇有困难,可以行使截胎术。如子宫颈口开张不大,手不易伸入。可参考人工引产中所介绍的方法,促使子宫颈开放,并刺激子宫收缩,对于早产胎儿,如有吮乳反射,可尽量加以挽救,帮助吮乳或人工喂奶,并注意保暖。

2. 延期流产 如胎儿发生干尸化,可先用前列腺素或类似物制剂,前列腺素肌内注射 0.5 毫克或氯前列烯醇肌内注射 0.1 毫克;之后或同时应用雌激素,溶解黄体并促使子宫颈扩张。因为产道干涩,应在子宫及产道内涂以灭菌润滑剂,以便子宫内容物易于排出。

对于干尸化胎儿,由于胎儿头颈及四肢蜷缩在一起,且子宫颈开放不大,必须用一定力量或预先截胎才能将胎儿取出。

如胎儿浸溶,软组织已基本液化,须尽可能将胎骨逐块取净。分离骨骼有困难时,应根据情况将其破坏后再取出。在操作过程中,术者须防止自体受到感染。

取出干尸化及浸溶胎儿后,因为子宫中留有胎儿的分解组织,必须用消毒液或 5％～10％食盐水等冲洗子宫,并注射子宫收缩药,促使液体排出。对于胎儿浸溶,因为有严重的子宫炎及全身变化,必须在子宫内放入抗生素,并须特别重视全身抗生素治疗,以免造成不育。

二、难　产

难产的发病原因比较复杂,基本上可以分为普通病因和直接病因两大类。普通病因是指通过影响母体或胎儿而使正常的分娩过程受阻,主要包括遗传因素、环境因素、内分泌因素、饲养管理因素、传染性因素及外伤因素等。直接病因是指直接影响分娩过程的因素。由于分娩的正常与否主要取决于产力、产道及胎儿3个方面,因此难产按其直接原因可以分为产力性难产、产道性难产及胎儿性难产3类,其中前两类又可合称为母体性难产。

(一)助产的基本原则　在手术助产时,必须重视以下基本原则。

1. 及早发现,果断处理　当发现难产时,应及早采取助产措施。助产越早,效果越好。难产病例均应做急诊处理,手术助产越早越好,尤其是剖宫产术。

2. 术前检查,拟订方案　术前检查必须周密细致,根据检查结果,结合设备条件,慎重考虑手术方案的每个步骤及相应的保定、麻醉方法等,常规保定方法是使母羊呈前低后高或仰卧姿势,把胎儿推回子宫内进行矫正,以便于操作。

3. 胎膜未破时不要破坏胎膜助产　如胎儿的姿势、方向、位置复杂时,就需要将胎膜穿破,及时进行助产。在胎膜破裂时间较长,产道变干,则需要注入液状石蜡或其他油类,以利于助产手术的进行。

4. 注意尽量保护母羊生殖道受到最小损伤　将刀子、钩子等尖锐器械带入产道时,必须用手保护好,以免损伤产道。进行手术助产时,所有助产动作都不要过于粗鲁。一般来说,只要不是胎儿过大或母体过度疲乏,仅仅需要将胎儿向内推,校正反常部分,即可自然产出。如果需要人力拉出,也应缓缓用力,使胎儿拉出与自然产出一样。

(二)助产准备

1. 术前检查 询问母羊分娩的时间,是初产还是经产,看胎膜是否破裂,有无羊水流出,检查全身状况。

2. 保定母羊 一般使羊侧卧,保持安静,使其前躯低、后躯稍高,以便于矫正胎位。

3. 消毒 对手臂、助产用具进行消毒,用0.02%新洁尔灭溶液对阴门外周进行清洗。

4. 产道检查 注意产道有无水肿、损伤、感染,产道表面的干燥和湿润程度。

5. 胎位、胎儿检查 确定胎位是否正常,判断胎儿死活。胎儿正产时,手伸入阴道可摸到胎儿的嘴巴、两前肢、两前肢中间夹着胎儿的头部;当胎儿倒生时,手伸入产道可摸至胎儿的尾巴、臀部、后肢及脐动脉。用手指压迫胎儿,如有反应表示尚还存活。

(三)助产的方法 常见难产状况包括头颈侧弯、头颈下弯、前肢腕关节屈曲、肩关节屈曲、肘关节屈曲、胎儿下位、胎儿横向和胎儿过大等。可按不同的异常产位将其矫正,然后将胎儿拉出产道。多胎羊只应注意怀羔数目,在助产中认真检查,直至将全部胎儿助产完毕为止,方可将母羊归群。

对阵缩及努责微弱的母羊,可皮下注射垂体后叶素、麦角碱注射液1~2毫升。必须注意,麦角制剂只限于子宫颈完全开张,胎势、胎位及胎向正常时方可使用,否则易引起子宫破裂。

羊怀双羔时,可遇到双羔同时各将一肢伸出产道,形成交叉。由此形成的难产,应分清情况,确定难产羔羊体位后,可将一只羔羊的肢体推回腹腔,先整顺一只羔羊的肢体,将其拉出产道。再随后将另一只羔羊的肢体整顺拉出。切忌将两只羔羊的不同肢体,误认为同一只羔羊的肢体而施行助产。

（四）剖宫产　剖宫产术是在发生难产时，切开腹壁及子宫壁面从切口取出胎儿的手术。必要时山羊和绵羊均可施行此术。如果母羊全身状况良好，手术及时，则有可能同时救活母羊和胎儿。

剖宫产术主要在发生以下情况时采用，如无法纠正的子宫扭转，子宫颈管狭窄或闭锁，产道内有妨碍截胎的赘瘤或骨盆因骨折而变形，骨盆狭窄（手无法伸入）及胎位异常等。但在有腹膜炎、子宫炎和子宫内有腐败胎儿，母羊因为难产时间长久而十分衰竭时，严禁进行剖宫产。

1. 术前准备　右肷部手术区域（由髋结节到肋骨弓处）剃光羊毛，然后用温肥皂水洗净擦干。使羊左侧躺卧保定，用 5% 碘酊消毒皮肤，然后盖上手术巾，准备施行手术。可采用合并麻醉或电针麻醉。合并麻醉是口服酒精做全身麻醉，同时对术区进行局部麻醉。口服的酒精应稀释成 40% 的浓度，每 10 千克体重按 35～40 毫升计算（也可用白酒，用量相同）。局部麻醉是用 0.5% 盐酸普鲁卡因注射液沿切口做浸润麻醉，用量根据需要而定。电针麻醉时取百会穴和六脉穴，百会穴接阳极，六脉穴接阴极，诱导时间为 20～40 分钟。针感表现是腰臀肌颤动，肋间肌收缩。

2. 手术过程

（1）开腹　沿腹内斜肌肌纤维的方向切开腹壁，切口应距离髋结节 10～12 厘米。切开线上的血管用钳夹法和结扎法进行止血。显露腹腔后，术者手经切口伸入腹腔内，探查胎儿的位置及与切口最近的部位，以确定子宫切开的方法。

（2）显露子宫　术者手经切口向骨盆方向入手，找到大网膜的网膜上隐窝，用手拉着网膜及网膜上隐窝内的肠管，向切口的前方牵引，使网膜及肠管移入切口前方，并用生理盐水纱布隔离，以防网膜和肠管向后复位，此时切口内可充分显露子宫及子宫内的胎儿。当网膜不能向前方牵引时，可将大网膜切开，再用生理盐水纱布将肠管向前方隔离后，显露子宫。

(3)切开子宫　术者将手伸入腹腔,转动子宫,使孕角的大弯靠近腹壁切口。然后切开子宫角,并用剪刀扩大切口长度。切开子宫角时,应特别注意,不可损伤子叶和通向子叶的大血管。为了确定子叶的位置,在切开子宫时,要始终用手指伸入子宫来触诊子叶。对于出血很多的大血管,要用肠线缝合或结扎。

(4)吸出胎水　在术部铺一层消毒的手术巾,用手术钳夹住胎膜,在上面做一个很小的切口,然后插入橡皮管,通过橡皮管用橡皮球或大号注射器吸出羊水和尿水。

(5)拉出胎儿　待羊水吸净后,术者将手伸入子宫腔内,抓住胎儿的肢体,缓慢地向子宫切口外拉出,拉出胎儿需术者与助手相互配合,严防在拉出胎儿时导致子宫壁撕裂,严防肠管脱出腹腔外。在胎儿从子宫内拉出的瞬间,助手应用两手掌压迫右腹部以增大腹内压,以防胎儿拉出后由于腹内压突然降低而引起脑贫血、虚脱等意外情况的发生。拉出胎儿后,若胎儿还存活,应立即采取相应的护理措施。术者与助手立即拉起子宫壁切口,剥离胎膜,并尽量将胎膜剥离下来,若胎膜与子宫壁结合紧密不易剥离时,也可不剥离。用生理盐水冲洗子宫壁及子宫腔,除去子宫腔内的血凝块及胎膜碎片,冲洗子宫壁上的污物后,向子宫腔内撒入青霉素和链霉素,进行子宫壁切口的缝合。

对于拉出的胎儿,首先要除去口、鼻内的黏液,擦干皮肤。看到发生几次深吸气以后,再结扎和剪断脐带。假如没有呼吸反射,应该在结扎以前用手指压迫脐带,直到脐带的脉搏停止为止。此法配合按压胸部和摩擦皮肤,通常可以引起吸气。在出现吸气之后,剪断脐带,交给其他助手进行处理。

(6)剥离胎衣　在取出胎儿以后,应进行胎衣剥离。剥离胎衣往往需要花费很多时间,但与胎衣留在子宫内所引起的不良后果相比,还是非常必要且不可省略的操作。

为了便于剥离胎衣,在拉出胎儿的同时,应静脉注射垂体素或皮下注射麦角碱,如果在子宫腔内注满5%～10%氯化钠溶液,停留1～2分钟,更有利于胎衣的剥离。最后将注射的液体用橡皮管排净。

(7)冲洗子宫　剥完胎衣之后,用生理盐水将子宫切口周围充分洗擦干净。如果切口边缘受到损伤,应该切去损伤部,使其成为新伤口。

(8)缝合子宫　第一层用连续康乃尔氏缝合,缝合完毕,用生理盐水冲洗子宫,再转入第二层的连续伦巴特缝合。缝毕,再使用生理盐水冲洗子宫壁,清理子宫壁与腹壁切口之间的填塞纱布后,将子宫还纳于腹腔内。

(9)缝合腹壁　拉出胎儿后,腹内压减小,腹壁切口比较容易闭合,若手术中间因瘤胃臌气使腹内压增大闭合切口十分困难时,应通过瘤胃穿刺放气减压或插胃管进行瘤胃减压后再闭合腹壁切口。第一层对腹膜腹横肌进行连续缝合,第二层对腹直肌进行连续缝合,第三层结节缝合腹黄筋膜,最后对皮肤及皮下组织进行结节缝合,并打以结系绷带。

3. 术后护理　肌内注射青霉素,静脉注射5%糖盐水。必要时还应注射强心剂。保持术部清洁,防止感染化脓。经常检查病羊全身状况,必要时应施行适当的对症疗法。如果伤口愈合良好,手术10天以后即可拆除缝合线;为了防止创口裂开,最好先拆一针留一针,3～4天后将其余缝合线全部拆除。

绵羊术后的预后比山羊好。手术进行越早,预后越好。

三、胎衣不下

胎儿出生以后,排出胎衣的正常时间绵羊为3.5(2～6)小时,山羊为2.5(1～5)小时,如果在分娩后超过14小时胎衣仍不排出,即称为胎衣不下。本病在山羊和绵羊均可发生。

【病　因】　本病多因妊娠母羊饲养管理不当,饲料中缺乏矿物质、维生素，运动不足，体质瘦弱或过度肥胖，胎水过多，怀羔数过多，饮饲失调等，造成子宫收缩力量不够，使羔羊胎盘与母体胎盘粘在一起而导致发病。此外，子宫炎、胎膜炎、布鲁氏菌病也可引起胎衣不下。发病的直接原因包括以下两大类。

1. 产后子宫收缩不足 子宫因多胎、胎水过多、胎儿过大以及持续排出胎儿而伸张过度；饲料质量不好，尤其当饲料中缺乏维生素、钙盐及其他矿物质时，容易使子宫发生弛缓；妊娠期（尤其在妊娠后期）母羊缺乏运动或运动不足，往往会引起子宫弛缓导致胎衣排出很缓慢；分娩时母羊肥胖，可使子宫复旧不全，因而发生胎衣不下；流产和其他能够降低子宫肌肉和全身张力的因素，都能使子宫收缩不足而导致胎衣不下。

2. 胎儿胎盘和母体胎盘发生愈合 患布鲁氏菌病的母羊常因此而发生胎衣不下，其原因是妊娠期子宫内膜发炎，子宫黏膜肿胀，使绒毛固定在凹穴内，即使子宫有足够的收缩力，也不容易让绒毛从凹穴内脱出来；当胎膜发炎时，绒毛也同时肿胀，因而与子宫黏膜紧密粘连，即使子宫收缩，也不容易脱离。

【临床症状】 胎衣可能全部不下，也可能是一部分不下。未脱下的胎衣经常垂吊在阴门之外。病羊拱背，时常努责，有时由于努责剧烈。如果胎衣能在产羔后 14 小时以内全部排出，多半不会有并发症。但若超过 1 天，则胎衣会发生腐败，尤其是天气炎热时腐败更快。从胎衣开始腐败起，即因腐败产物引起中毒，从而使母羊精神不振，食欲减少，体温升高，呼吸加快，产奶量降低或泌乳停止，并从阴道中排出恶臭的分泌物。由于胎衣压迫阴道黏膜，可能使其发生坏死。本病往往并发败血症、破伤风或气肿疽，或造成子宫、阴道的慢性炎症。如果羊只不死，一般在 5～10 天全部胎衣发生腐烂而脱落。山羊对胎衣不下的敏感性比绵羊大。

【诊 断】 病羊常表现拱腰努责，食欲减少或废绝，精神较差，喜卧地，体温升高，呼吸及脉搏增快，胎衣久久滞留不下则可发生腐败,从阴门中流出污红色腐败恶臭的恶露,其中掺杂有灰白色未腐败的胎衣碎片或脉管。当全部胎衣不下时,部分胎衣从阴门中垂露于跗关节部。

胎衣不下的母羊若治疗不及时,往往并发子宫内膜炎、子宫颈炎、阴道炎等一系列生殖器官疾病,重者因转为败血症而死亡。产后发情及受胎时间延迟,甚至丧失妊娠能力,有的受胎后容易流产,并发瘤胃弛缓、瘤胃积食及瘤胃臌胀等疾病。

【预　防】　预防方法主要是加强妊娠母羊的饲养管理,不使妊娠母羊过于肥胖,每天必须保证其适当的运动。

【治　疗】　在产后 14 小时以内,可待其自行脱落。如果超过 14 小时,必须采取适当措施,因为这时胎衣已开始腐败,若再滞留于子宫中,可引起子宫黏膜的严重发炎,导致暂时性或永久性不孕,有时甚至引起败血症。病羊分娩后不超过 24 小时的,可应用垂体后叶素注射液、催产素或麦角碱注射液 0.8～1 毫升,一次肌内注射。超过 24 小时的,应尽早采用以下方法治疗,绝不可强拉胎衣,以免扯断而将胎衣留在子宫内。

1. 手术剥离胎衣　先用消毒液洗净外阴部和胎衣,再用鞣酸酒精溶液冲洗和消毒术者手臂,并涂以消毒软膏,以免将病原菌带入子宫。如果术者手上有小伤口或擦伤,必须预先涂搽 5％碘酊,贴上胶布。用一只手握住胎衣,另一只手送入橡皮管,将 0.01％高锰酸钾温溶液注入子宫。然后将手伸入子宫,将绒毛膜从母体子叶上剥离下来。剥离时,由近及远。先用中指和拇指挤捏子叶的蒂,然后设法剥离盖在子叶上的胎膜。为了便于剥离,事先可用手指挤捏子叶。剥离时应当小心,因为子叶受到损伤可引起大量出血,并为微生物的进入开放门户,容易造成严重的全身症状。

2. 皮下注射催产素　羊的阴门和阴道较小,只有手小的人才能进行胎衣剥离。如果将手勉强伸入子宫,不但不易进行剥离操作,还有损伤产道的危险,故当手难以伸入时,只有皮下注射催产素 1~3 单位（注射 1~3 次，间隔 8~12 小时）。如果配合用温生理盐水冲洗子宫，效果更好。为了排出子宫中的液体，可以将羊的前肢提起。

3. 及时治疗败血症 如果胎衣长久滞留，往往会发生严重的产后败血症。其特征是病羊体温升高，食欲消失，反刍停止。脉搏细而快、呼吸快而浅；皮肤冰冷（尤其是耳朵、乳房和角根处）。喜卧下，对周围环境十分淡漠；从阴门流出污褐色恶臭的液体。遇到这种情况时，应该及早进行治疗。可用青霉素 40 万单位，每 6~8 小时肌内注射 1 次。链霉素 1 克，每 12 小时肌内注射 1 次。或将四环素 50 万单位，加入 5% 糖盐水 100 毫升中静脉注射，每天 2 次。或用 1% 冷食盐水冲洗子宫，排出食盐水后注入青霉素 40 万单位、链霉素 1 克，每天 1 次，直至痊愈。或用 10%~25% 葡萄糖注射液 300 毫升、40% 乌洛托品注射液 10 毫升，静脉注射，每天 1~2 次，直至痊愈。

中药可用当归 9 克，白术 6 克，益母草 9 克，桃仁 3 克，红花 6 克，川芎 3 克，陈皮 3 克，共研细末，沸水冲调后灌服。

结合临床表现，及时进行对症治疗，如给予健胃剂、缓泻剂、强心剂等。

四、卵巢囊肿

卵巢囊肿是指卵巢上有卵泡状结构，存在 10 天以上，同时卵巢上无正常黄体结构的一种病理状态。这种疾病一般又分为卵泡囊肿和黄体囊肿 2 种。

【临床症状】 羊发生卵巢囊肿的症状按外部表现可分为慕雄狂和乏情两类。慕雄狂母羊一般表现无规律的、长时间或连续性的发情症状，表现不安；乏情母羊的表现则为长时间不出现发情征象，有时可长达数月，因此常被误认为是已经妊娠。有些在表现 1~2 次正常发情后转为乏情；有些则在病初乏情，后期表现为慕雄狂;也有些患卵巢囊肿的先表现慕雄狂症状,而后转为乏情。

【治　疗】　卵巢囊肿的治疗方法较多,其中大多数是通过直接引起黄体化而使母羊恢复发情周期。但应注意,本病是可以自愈的,具有促黄体素生物活性的各种激素制剂已被广泛用于治疗卵巢囊肿。

1. 改变日粮结构　饲料中补充维生素 A。

2. 激素疗法　①肌内或皮下注射绒毛膜促性腺激素或促黄体素 500～1 000 单位。②注射促排卵 3 号(LRH-A3)4～6 毫克,促使卵泡囊肿黄体化,然后皮下或肌内注射前列腺素溶解黄体,即可恢复发情周期。③肌内注射孕酮 5～10 毫克,每天 1 次,连用 5～7 天,效果良好。孕酮的作用除了能抑制发情外,还可以通过负反馈作用抑制丘脑下部促性腺激素释放激素的分泌,内源性地使性兴奋及募雄狂症状消失。④可用前列腺素或其类似物进行治疗,促进黄体尽快萎缩消退,从而诱导发情。⑤人工诱导泌乳。此法对乳用山羊是一种最为经济的办法。

第八节　中　毒　病

羊误食、舔食洒有农药的饲草、蔬菜,或含氯化学肥料(如氨水、尿素等),或含有有毒物质的饲料(如新鲜棉叶及棉籽,蓖麻叶和种子,马铃薯茎叶、花果、块根等),或腐烂、变质饲料,或过多采食精饲料(日喂玉米 1.5 千克时的发病率约 100%)、食盐和矿物质元素等,均可导致中毒。病羊出现明显异常、痉挛、昏迷等症状。若治疗及时,轻度中毒者在数日内可恢复健康,重症者于数小时至 1～2 天死亡。大多数慢性中毒均能引起繁殖障碍,如流产、胚胎早期死亡等。

发生中毒的主要原因是饲养管理上的疏忽,因此必须从各方面加强饲养管理,切实贯彻执行"预防为主"的方针。防止植物饲料中毒的发生,对防治羊只生长发育和繁殖方面的疾病有着重要的作用。因此,我们必须从以下几方面着手,防止饲草、饲料中毒。

第一,加强农药管理,严禁饲喂喷洒过农药的饲草和蔬菜等(喷洒农药后1个月内)。

第二,严禁直接饲喂含有有毒物质的饲料,如玉米、高粱幼苗和棉籽饼等,饲喂前最好进行处理。

第三,严禁饲喂霉烂、变质饲料,避免过食精饲料或食盐等。

第四,发现中毒应及时进行紧急处理。对有机磷制剂中毒,尽快灌服盐类泻剂,排除胃内容物。忌用植物油类泻剂。常用解毒剂有阿托品、解磷定、氯解磷定、双复磷等。

第五,对有机氯制剂中毒,尽快灌服盐类泻剂,排除胃内容物,禁用油类泻剂。常用解毒药物有巴比妥、氯丙嗪、石灰水澄清液,同时注射高渗葡萄糖注射液、维生素C或维生素K等。

第六,发霉饲料中毒可灌服盐类泻剂,同时静脉注射10%葡萄糖注射液500毫升,同时加维生素C 0.2～0.5克、40%阿托品注射液10毫升、10%氯化钙注射液10毫升。对症治疗可使用强心剂、镇静剂、止痛剂,辅以抗生素及磺胺类药物。

第七,食盐中毒时可口服黏浆剂及油类泻剂,一旦饮水,则静脉注射10%氯化钙注射液或10%葡萄糖酸钙注射液,肌内注射复合维生素B注射液等。

一、慢性硝酸盐和亚硝酸盐中毒

硝酸盐和亚硝酸盐作为中毒原因是有紧密联系的。虽然大剂量的硝酸盐可引起胃肠炎,但其重要性在于它是亚硝酸的来源。亚硝酸盐可在饲喂前后形成,可引起高铁血红蛋白血症,导致机体贫血性缺氧。慢性中毒以母羊流产、不孕,甲状腺肿大,免疫力下降等为特征。

【病　因】

1. 饲料　富含硝酸盐的饲料有白菜、包心菜、萝卜叶、甜菜、莴苣叶、油菜、马铃薯茎叶、南瓜藤、甘薯渣、玉米、高粱及未成熟的燕麦、小麦、大麦、黑麦和苏丹草等。此类植物在幼嫩时硝酸盐含量较高,抽穗或结果后迅速下降,种子中含硝酸盐很少。植物中硝酸盐的含量还受许多因素的影响,低温、干旱、虫害、应用除草剂2,4-D 等,妨碍植物的氮代谢,使硝酸盐在植物体内蓄积;肥沃的、重施氮肥的土壤上生长的植物吸收硝酸盐的量增加;土壤中缺乏铜、铁等元素,过度密植等,均可使植物生长受到抑制,使硝酸盐不能被同化为氨基酸而蓄积。

2. 饮水　从非常肥沃的土壤渗出的井水含硝酸盐可高达1 700～3 000 毫克/升,施过硝酸盐类肥料的田水,制革的含硝废水,厩舍、厕所、垃圾堆附近的水源常含有大量的硝酸盐。水中硝酸盐含量超过 200～500 毫克/升即可引起中毒。

长时间摄入含亚致死量的硝酸盐或亚硝酸盐的饮水或饲料,可引起慢性中毒,导致母羊流产。

【临床症状】　病羊前胃弛缓,腹泻,跛行,抵抗力降低,甲状腺肿大。可能呈现维生素 A、维生素 E 缺乏症状,母羊流产或分娩无力,受胎率降低。

【病理变化】　血液呈暗褐色或酱油色,血凝不良。胃肠黏膜充血、出血,易于脱落。肺水肿,心内、外膜有出血点,肝脏肿大。

【诊　断】　可根据摄入富含硝酸盐和亚硝酸盐的饲料或饮水,结合发病急、呼吸困难、黏膜发绀、血液呈酱油色等临床症状,做出初步诊断。确诊可取胃内容物、血液和尿液进行高铁血红蛋白和亚硝酸盐检验。

【预　防】　在种植饲草的土地上,限制使用家畜的粪、尿和氮肥,以减少其中硝酸盐的含量。可能摄食含硝酸盐饲料的羊群,饲料中充足的碳水化合物可以减少瘤胃中亚硝酸盐的形成,并严格控制放牧时间或饲喂量。禁止运输中或饥饿的羊只接近危险植物,不让羊群饮用污染水。如果不得不饲喂已知含中毒剂量硝酸盐的饲料,可在每千克饲料中加入金霉素 3 毫克,可部分抑制硝酸盐还原成亚硝酸盐。

【治　疗】　首先采用特效解毒剂,常用的有美蓝和甲苯胺蓝,同时配合应用维生素 C 支持疗效。

美蓝(亚甲蓝)是氧化还原剂,小剂量为还原剂,能迅速将高铁血红蛋白还原为血红蛋白,剂量为 8 毫克/千克体重,配成 1% 注射液(1 克美蓝溶于 95% 酒精 10 毫升中,加生理盐水 90 毫升),缓慢静脉注射,或分点肌内注射,必要时可在 2 小时后重复注射。

甲苯胺蓝,可配成 5% 注射液,按 0.5 毫克/千克体重静脉或肌内注射。其疗效比美蓝高,还原高铁血红蛋白的速度比美蓝快37%。

维生素 C 也可使高铁血红蛋白还原成血红蛋白,但效果不如美蓝,羊可按 0.5~1 克/只剂量,静脉或肌内注射。

在使用解毒剂的同时,可用 0.1% 高锰酸钾溶液洗胃或灌服,对重症病羊应即时输液、强心,以提高疗效。

二、疯草中毒

疯草是危害我国草原养羊业最严重的一类毒草,造成了巨大的经济损失。棘豆属与黄芪属植物(紫云英)的亲缘关系密切,形态特征颇为相似。有毒棘豆和有毒黄芪对动物几乎有相似的毒害作用,都可引起以神经症状为主的慢性中毒。因此,这类植物统称为疯草,所引起的中毒病称疯草中毒或疯草病。我国的疯草包括棘豆属的小花棘豆、黄花棘豆、甘肃棘豆、急弯棘豆、宽苞头棘豆、冰川棘豆、毛瓣棘豆等,黄芪属的有变异黄芪和茎直黄芪。

【病　因】

1. 含脂肪族硝基化合物　国外部分有毒黄芪含米瑟毒苷,化学名称为 3-硝基-1-丙基-β-D 吡哺葡糖苷,羊吃了这种疯草后,经体内代谢转变为 3-硝基丙酸和亚硝酸盐。3-硝基丙酸能抑制琥珀酸脱氢酶和延胡索酸酶,导致三羧酸循环不能正常进行而死亡;亚硝酸盐可引起高铁血红蛋白血症,严重时可导致死亡。我国有阿拉善黄芪等 16 种黄芪含脂肪族硝基化合物,但还未见此类黄芪中毒的报道。

2. 含有毒生物碱 一些疯草含吲哚兹啶生物碱——苦马豆素,能抑制溶酶体的酸性。小花棘豆还含有臭豆碱、野决明碱、N-甲基野靛碱和鹰爪豆碱等生物碱。到目前为止,除了苦马豆素之外,其他生物碱在疯草中毒中的作用还有待于进一步研究和评价。

3. 疾病的发生与自然生态环境有关 疯草在一些地区发展为优势种,这不仅与其抗逆性强、耐干旱、耐寒等特性有关,更重要的原因是草场管理不善,放牧压力过大,草场退化及植被破坏等,为疯草的蔓延和密度的增加创造了条件。疯草适口性不佳,在牧草充足时,羊并不主动采食,只有在可食牧草耗尽时才被迫采食。因此,常于每年秋末至春初发生中毒。干旱年份有暴发的倾向。

4. 采食疯草的数量与发病有关 大量采食疯草,羊可在 10 余天内发生中毒,少量连续采食需 1 个月至数月才能表现临床症状。

【临床症状】

1. 山羊 病初精神沉郁,反应迟钝,站立时后肢弯曲;中期头部呈水平震颤,颈部僵硬,行走时后躯摇摆,追赶时易摔倒;后期四肢麻痹,卧地不起,心律失常,最终衰竭死亡。

2. 绵羊 头部震颤,头、颈皮肤敏感性降低,四肢末梢敏感性增强。随着病情的发展,表现步态蹒跚如醉,失去定向能力,瞳孔散大,终因衰竭而死亡。

妊娠绵羊和山羊均易发生流产,或产出畸形胎儿。公羊表现性欲降低,或无性交能力。疯草中毒的初期,若停食疯草,改食优良牧草,中毒症状可逐渐消失,2周左右可恢复正常。

【病理变化】 尸体极度消瘦,血液稀薄,腹腔有少量清亮液体。有些病例心脏扩张,心肌柔软。组织学检查,主要可见神经及内脏组织细胞空泡化。

【诊　断】 根据采食疯草的病史,结合运动障碍为特征的神经症状,不难做出诊断。当羊只安静或卧地时,可能看不出中毒症状,当给予刺激或用手捏提一下羊耳,便立即出现摇头不止或突然倒地不起等典型疯草中毒症状。

【预　防】 禁止羊只在疯草特别多的草场上放牧。用除草剂杀灭疯草,可用 2,4-D 丁酯、氯氟吡氧乙酸(使它隆)、麦草畏(百草敌)等,单独使用或复配使用,对疯草有很好的杀灭作用。但是疯草种子在草场上贮量很大(400~4 300 粒/米²),要保持疯草密度低于危害羊群的程度,定期喷药是必要的。最好能结合草场改良及草场管理措施,才能取得良好效果。

【治　疗】 对轻度中毒的病羊,及时转移到无疯草的安全牧场放牧,适当补饲,一般可不治而愈,严重中毒的羊无康复希望。

三、产雌激素植物中毒

绵羊对植物性雌激素非常敏感,产雌激素的植物有地下三叶草、莓三叶等。羊发病后的临床症状与植物性雌激素的摄入量有关,包括不孕、发情延长、发情无规律、妊娠率下降或早期胚胎死亡、阴道脱出或子宫囊状增生、乳头增大、泌乳异常、难产、宫缩无力等。

【病　因】 由于绵羊摄入含有植物性雌激素的物质所引起。

【临床症状】

1. 母羊不孕　用繁殖能力正常的公羊进行多次配种,都不能受孕。尸体剖检时,发现子宫内膜发生腺囊肿性增生。

2. 难产　由于子宫乏力而发生母体性难产。其典型特征是

226

母羊临近分娩时没有外部症状,到期的胎儿发生死亡。在有些情况下,产出死羔。更常见的是在产前多日胎儿发生死亡,但并不排出。

3. 子宫脱出　常发生于产羔后数月,甚至可见于未配种的青年母羊。

公羊并无不正常现象,但去势公羊及未配种母羊常表现乳房胀大和泌乳。去势公羊的某些副性腺可能发生组织变形。

随着莓三叶的长期饲喂,产生的繁殖障碍越来越多,到 5 岁大时,母羊产羔率可降至 8%,难产率可高达 40%,子宫脱出率可达10%。

【预防和治疗】　不要大量或长期饲喂三叶草,避免在产雌激素植物较多的牧场上放牧。对病羊肌内注射黄体酮注射液,每次10～15 毫克。

四、青贮饲料酸中毒

【临床症状】　本病常常整群发生,病羊表现为不采食、精神沉郁、结膜潮红、反应迟钝、不反刍,触诊瘤胃部位回弹性强,粪便稀软酸臭,脱水明显,眼窝凹陷,尿少色浓或无尿,步态蹒跚,卧地不起,头颈侧屈或后仰,昏睡乃至昏迷。若不救治,多在 3～5 天死亡。

【预　防】　选喂优质的青贮饲料,但不要每天只喂青贮饲料,且禁止饲喂变质、霉烂的青贮饲料。每天青贮饲料的饲喂量最多不超过日粮总量的 60%,适宜量一般为 40%。

【治　疗】　如果羊因采食青贮饲料中毒,首先应停止饲喂。对症状较轻的羊,将胃导管经口插入瘤胃,用 37℃～40℃温水冲洗,直至瘤胃内容物无酸臭味呈中性或碱性为止。然后取健康羊瘤胃液 200～500 毫升注入病羊瘤胃中。对于症状严重的羊,可取5%碳酸氢钠注射液 500～1 500 毫升、10%葡萄糖注射液 500～

1 000毫升及10％维生素C注射液60毫升,静脉注射。对于有心力衰竭的羊应皮下注射25％尼可刹米注射液10～20毫升、10％安钠咖注射液10～20毫升或0.1％肾上腺素注射液3～5毫升。也可用胃管投服碳酸氢钠10克,温热水2 000～4 000毫升,以中和瘤胃内的乳酸。中药可取天花粉、葛根、金银花各30克,甘草60克,绿豆500克,共研为细末,沸水冲调,候温后用胃管投服。

五、过量谷物饲料酸中毒

【病　因】　常见于由放牧或粗饲料型日粮改为饲喂精饲料型日粮时,尤其是体重在30千克以上的羔羊更易发生。日粮中精饲料由15％猛增到75％～85％时,易发生酸中毒。原因是瘤胃微生物吸收精饲料过多,产酸量多且浓度高,以至杀死瘤胃内其他微生物,导致瘤胃内酸碱平衡失调而致病。

【临床症状】　通常在进食大量精饲料后6～12小时出现症状。病初羊只精神沉郁、低头、奢耳、腹部不适,然后侧卧,不能起立,昏迷而死。叩击病羊瘤胃部位有击水声。眼结膜充血。病程持续12～18小时。

【预　防】　羔羊进入肥育期后,改换日粮不宜过快,应让瘤胃微生物在适应期内自行调整。加大肥育圈面积,防止羔羊抢食。日粮中加入适量的碳酸氢钠,可缩短瘤胃适应期。

【治　疗】　发现早期症状时,立即灌服制酸剂碳酸氢钠、碳酸镁等。方法是取450克制酸剂和等量活性炭混合,加温水4升,胃管灌服,每只灌服0.5升。

六、其他中毒病

(一)毒芹中毒　毒芹又名走马芹、野芹菜,一般在采食后2～3小时内出现临床症状。羊误食后表现为行动不安、瘤胃臌胀、口吐白沫、腹泻、肌肉痉挛、频频排尿。在痉挛发作时病羊突然倒地、头颈后仰、四肢强直、牙关紧闭、心跳加快、体温升高，多呈癫痫样发作。口服鞣酸5克或食醋200毫升即可缓解。

(二)断肠草中毒　断肠草中草药名为金勾吻，又叫胡蔓藤、大茶药、野葛、毒根菜，羊采食后表现为腹痛、跳跃和呕吐。无特效治疗药物，可灌服适量食醋解毒。

(三)尿素中毒　表现为精神不安、肌肉颤抖、步态不稳、卧地呻吟、臌气。治疗时首先灌服食醋200～300毫升，口服硫酸钠、硫酸镁或植物油等泻剂，臌气严重时可实施瘤胃穿刺术。如果无效，应增加食醋用量，使瘤胃臌气逐渐消失。

(四)食盐中毒　主要症状表现为口渴。急性中毒的羊口腔流出大量泡沫，兴奋不安，磨牙，肌肉震颤。应及时给予大量饮水，并口服油类泻剂，静脉注射10%氯化钙注射液或10%葡萄糖酸钙注射液，皮下或肌内注射复合维生素B注射液，并进行补液。

第九节　其他常见病

一、公羊睾丸炎

主要是由损伤和感染引起的各种急性和慢性睾丸炎症。

【病　因】

1. 由损伤引起感染　常见损伤为打击、啃咬、蹴踢、尖锐硬物刺伤和撕裂伤等，继之由葡萄球菌、链球菌和化脓棒状杆菌等引起感染，多见于一侧，外伤引起的睾丸炎常并发睾丸周围炎。

2. 血行感染　某些全身感染如布鲁氏菌病、结核病、放线菌病、鼻疽、腺疫沙门氏杆菌病、流行性乙型脑炎等可通过血行感染引起睾丸炎症。另外，衣原体、支原体、脲原体和某些疱疹病毒也可以经血流引起睾丸感染。在布鲁氏菌病流行地区，布鲁氏菌感染可能是导致睾丸炎最主要的原因。

3. 炎症蔓延 睾丸附近组织或鞘膜炎症蔓延,副性腺细菌感染沿输精管道蔓延均可引起睾丸炎症。附睾和睾丸紧密相连,常同时感染和互相继发感染。

【临床症状】

1. 急性睾丸炎 病羊睾丸肿大、发热、疼痛,阴囊发亮。公羊站立时拱背、后肢广踏、步态强拘,拒绝爬跨。触诊可发现睾丸紧张、鞘膜腔内有积液、精索变粗,有压痛。病情严重者体温升高、呼吸浅表、心跳加快、精神沉郁、食欲减退。并发化脓感染者,局部和全身症状加剧。在个别病例,脓液可沿鞘膜管上行入腹腔,引起弥漫性化脓性腹膜炎。

2. 慢性睾丸炎 睾丸不表现明显热痛症状,睾丸组织纤维变性、弹性消失、硬化、变小,产生精子的能力逐渐降低或消失。

【病理变化】 炎症引起的体温增加和局部组织温度增高以及病原微生物释放的毒素和组织分解产物都可以造成生精上皮的直接损伤。

【预 防】 ①建立合理的饲养管理制度,使公羊摄入适当营养,不要交配过度,尤其要保证足够的运动;②对布鲁氏菌病定期检疫,并采取检疫规定的相应措施。

【治疗和预后】 急性睾丸炎病羊应停止使用,安静休息;早期(24 小时内)可冷敷,后期可温敷,加强血液循环使炎症渗出物消散;局部涂擦鱼石脂软膏、复方醋酸铅散;阴囊可用绷带吊起;全身使用抗菌药物;可在精索区注射盐酸普鲁卡因青霉素注射液(2%盐酸普鲁卡因注射液 20 毫升,青霉素 80 万单位),隔天注射 1 次。

无种用价值者可去势。单侧睾丸感染而欲保留作种用者,可考虑尽早将患侧睾丸摘除;已形成脓肿摘除有困难者,可从阴囊底部切开排脓。

由传染病引起的睾丸炎,应首先考虑治疗原发病。

睾丸炎预后视炎症严重程度和病程长短而定。急性炎症病例由于高温和压力的影响可使生精上皮变性,长期炎症可使生精上皮的变性不可逆转,睾丸实质可能坏死、化脓。转为慢性经过者,睾丸常呈纤维变性、萎缩、硬化,生育力降低或丧失。

二、初生羔羊假死

初生羔羊假死也称新生羔羊窒息,其主要特征是刚产出的羔羊发生呼吸障碍,或无呼吸而仅有心跳,如抢救不及时,往往死亡。

【病　因】　分娩时产出期拖延或胎儿排出受阻、胎盘水肿、胎囊破裂过晚、倒生时脐带受到压迫、脐带缠绕、子宫痉挛性收缩等,均可引起胎盘血液循环减弱或停止,使胎儿过早呼吸,吸入羊水而发生窒息。此外,母羊发生贫血及大出血,使胎儿缺氧和二氧化碳量增高,也可导致本病发生。

对接产工作组织不当,在严寒的夜间分娩时,因无人照料使羔羊受冻太久;难产时脐带受到压迫,或胎儿在产道内停留时间过长,有时是因为倒生,助产不及时,使脐带受到压迫,造成循环障碍;母羊患病,血液内氧气不足,二氧化碳积聚增多,刺激胎儿过早发生呼吸反射,以至将羊水吸入呼吸道,均可导致初生羔羊假死。

【临床症状】　羔羊横卧不动,闭眼,舌外垂,口色发紫,呼吸微弱甚至完全停止。口腔和鼻腔积有黏液或羊水。听诊肺部有湿啰音,体温下降。严重时全身松软,反射消失,只是心脏有微弱跳动。

【预　防】　及时接产,对初生羔羊精心护理。在分娩过程中,如遇到胎儿在产道内停留较久,应及时助产,拉出胎儿。如果母羊患病,在分娩时应迅速助产,避免延误时间而使羔羊发生窒息。

【治　疗】　如果羔羊尚未完全窒息,还有微弱呼吸时,应即刻提起后腿,将羔羊吊起来,轻拍胸腹部,刺激呼吸反射,同时促进排出口腔、鼻腔和气管内的黏液和羊水,并用洁净布擦干羊体,然后将羔羊泡在温水中,使头部外露。稍停留之后,取出羔羊,用干布片迅速摩擦身体,然后用毡片或棉布包住全身,使其口张开,用软布包舌,每隔数秒钟,把舌头向外拉动 1 次,促其恢复呼吸动作。待羔羊复活以后,放在温暖处进行人工哺乳。

若已不见呼吸,必须在除去鼻孔及口腔内的黏液及羊水之后,施行人工呼吸,同时注射尼可刹米、洛贝林或樟脑磺酸钠注射液0.5 毫升。也可以将羔羊放入 37℃左右的温水中,让头部外露,用少量温水反复洒向心脏区,然后用干布摩擦全身。

三、羔羊胎粪停滞

胎粪是胎儿胃肠道分泌的黏液、脱落的上皮细胞、胆汁及吞咽的羊水经消化作用后,残余的废物积聚在肠道内所形成的。新生羔羊通常在出生后数小时内就排出胎粪。如在出生后 1 天不排出胎粪,或吮乳后新形成的粪便黏稠不易排出,即为新生羔羊便秘或胎粪停滞。本病主要发生于早期初生羔羊,且常见于绵羊羔。

【病　因】　如母羊营养不良,引起初乳分泌不足,初乳品质不佳,或羔羊吃不上初乳;新生羔羊孱弱,加上吮乳不足或吃不上初乳,则肠道弛缓无力,胎粪不能排出,即可发生胎粪停滞。

【临床症状】　羔羊出生后 1 天内未排出胎粪,精神逐渐不振,吃奶次数减少,肠音减弱,且表现不安,即拱背、摇尾、努责,有时还有踢腹、卧地并回顾腹部等轻度腹痛症状。有时症状不明显;偶尔有时腹痛明显,卧地、前肢抱头打滚。有时羔羊排便时大声鸣叫,有时由于黏稠粪块堵塞肛门,可继发肠臌气。以后,精神沉郁,不吃奶。呼吸及心跳加快,肠音消失。全身无力,经常卧地甚至卧地不起,羔羊渐陷于自体中毒状态。

【诊　断】　为了确诊,可在手指上涂油进行直肠检查。便秘多发生在直肠和小结肠后部,在直肠内可摸到硬固的黄褐色粪块。

【预　防】　妊娠后半期要加强母羊的饲养管理,补喂富含蛋白质、维生素和矿物质的饲料,使羔羊出生后即吃到足够的初乳。要随时观察羔羊的表现及排便情况,以便早期发现,及时治疗。

【治　疗】 采用润滑肠道和促进肠道蠕动的方法,不宜给以轻泻剂,以免引起顽固性腹泻。必要时,可施行手术取出粪块。

先用温肥皂水 300～500 毫升和橡皮球进行浅部灌肠,排出近处的粪块,一般效果良好。必要时也可在 2～3 小时后再灌肠 1 次,也可用橡皮管插入直肠内 20～30 厘米后灌注开塞露 5 毫升,或液状石蜡 40～60 毫升。用橡皮球和肥皂水灌肠一般效果良好。

可口服液状石蜡 5～15 毫升或硫酸钠 2～5 克,并同时用酚酞 0.1～0.2 克加水灌肠,效果很好。投药后,按摩和热敷腹部可增强肠道蠕动。

也可施行剖腹术取出粪块,在左侧腹壁或脐部后上方腹白线一侧选择术部,切口长约 10 厘米。切开腹壁后,伸手入腹腔,将小结肠后部及直肠内的粪块逐个或分段挤压至直肠后部,然后再设法将其排出肛门外,最后缝合腹壁。

如果羔羊有自体中毒现象,必须及时采取补液、强心、解毒及抗感染等治疗措施。

四、羔羊口炎

主要是受到机械性、物理性、化学性以及有毒物质和传染性因素的刺激、侵害和影响所致。

【临床症状】 3～15 日龄的羔羊时常出现口腔流涎、不肯吮吸母乳的现象,这时若检查口腔黏膜,会发现有充血斑点、小水疱或溃疡面,说明羔羊已经得了口腔炎,如果不及时治疗,可导致羔羊消瘦、消化不良,甚至活活饿死。初期均表现为口腔黏膜潮红、肿胀、疼痛、口温增高、流涎等症状。临床表现主要有卡他性口炎、水疱性口炎、溃疡性口炎、真菌性口炎等。

【治　疗】 首先消除病因,给患病羔羊饲喂柔软、营养丰富且容易消化的饲料。用 1％食盐水、0.2％高锰酸钾溶液或 2％～3％氯酸钾溶液洗涤口腔,然后涂抹碘甘油或甲紫,每天 1 次。如有溃疡,可先用 1%～2%硫酸铜溶液涂抹溃疡表面,然后涂抹碘甘油。若维生素缺乏,可注射或口服维生素 B_1、维生素 B_2 或维生素 C。

对于口炎并发肺炎的,可用下列中药方剂以清肺热。天花粉、黄芩、栀子、连翘各 30 克,黄柏、牛蒡子、木通各 15 克,大黄 24 克,芒硝 9 克,将前 8 种药共研为末,沸水冲调,加入芒硝,候温灌服,每只羔羊用其 1/10。

五、尿 石 症

尿石症是尿路中的无机或有机盐类结晶刺激、损伤尿路黏膜而引起的以出血、炎症和阻塞为特征的一种疾病,是动物泌尿系统的一种多发病。羊尿结石病给广大养殖户带来了巨大的经济损失,而目前对本病的治疗效果较差,报道不一。在我国许多干旱地区,特别是盐碱地区以及新疆产棉区,羊尿结石症发病较多,其发病率可达 17%～33.4%。

【病　因】　①长期饲喂高蛋白质、高热量、高磷的精饲料,特别是谷类、高粱、麸皮等,含磷高,缺乏钙,易造成钙磷比例失调,形成尿结石。②长期饲喂萝卜、颗粒饲料等硬质饲料。③饲料中缺乏维生素 A,特别是长期饲喂未经加工的棉籽饼,易导致尿结石的形成。④饮水中含镁、盐类较多,同时饮水不足,造成尿液浓缩,导致结晶浓度过高而形成结石。⑤肾和尿路感染,使尿液中有炎性产物积聚,最终形成结石。

【临床症状】　病羊初期精神沉郁,食欲不振,反刍减弱,呻吟咩叫,眼结膜苍白,心跳加速,可见排尿时间延长,尿频,尿量减少或呈滴状流出。强烈努责,频频举尾,后肢屈曲叉开,有明显腹痛症状。触诊膀胱可见膀胱高度膨大、紧张,按压无尿液排出,输尿管和龟头肿大、充血。后期病羊卧地不起并伴有中毒症状。

【病理变化】　通过对病死羊剖检发现:一侧或两侧输尿管内沉积有较坚硬的乳白色凝集物,大小不一、形状不等,尤其在输尿管的"S"弯曲部位较为明显。膀胱内尤其在膀胱颈口处能凝聚成块状或珊瑚状，手指捻捏后呈粉末状。有的膀胱充盈、壁增厚、黏膜紫红，常有糜烂或溃疡，内有大小不等的砂粒样颗粒，手捻则碎。肾盂有出血斑，肾脏肿大，切面多汁，肾盂内积有乳白色的小颗粒凝集物。肺表面呈暗红色。病情较长和膀胱破裂者肝脏肿大，呈土黄色，心外膜呈弥散性出血。其他器官未见明显变化。

【诊　断】　通过以上羔羊的临床症状以及病理变化可以判定为尿结石症。

【治　疗】

1. 药物治疗　对于发现及时、症状较轻的病羊，可给予大量饮水和液体饲料，同时投服利尿药及消炎药物（青霉素、链霉素、乌洛托品等）。此治疗方法简单，对于轻症病羊可以使用，有时膀胱穿刺也可作为药物治疗的辅助疗法。

2. 中药疗法　生黄芪 60 克，金钱草、海金砂各 30 克，石韦、鸡内金各 25 克，炒白芍、生地黄各 20 克，山药、郁金各 15 克，升麻、枳壳、菟丝子、川牛膝、王不留行各 10 克，水煎后早、晚各服 1 次，连用 5 天。

3. 手术治疗　对于药物治疗效果不明显或尿道完全阻塞的羊，可进行手术治疗。限制病羊饮水，对膨大的膀胱进行穿刺，使尿液排出，同时肌内注射阿托品 3～6 毫克，使尿道肌松弛减轻疼痛，然后在相应的结石位置切开尿道取出结石。

术后护理是病羊能否康复的关键，要饲喂液体饲料，并注射利尿药及抗菌消炎药物，加强术后治疗。

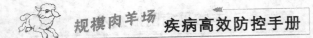

参考文献

[1]　权凯．肉羊标准化生产技术[M]．北京：金盾出版社，2011．

[2]　赵兴绪．兽医产科学（第四版）[M]．北京：中国农业出版社，2010．

[3]　权凯．农区肉羊场规划和建设[M]．北京：金盾出版社，2010．

[4]　王建辰，曹光荣．羊病学[M]．北京：中国农业出版社，2002．

[5]　权凯．牛羊人工授精技术图解[M]．北京：金盾出版社，2009．

[6]　张英杰．羊生产学[M]．北京：中国农业大学出版社，2010．

[7]　权凯．羊繁殖障碍病防治关键技术[M]．郑州：中原农民出版社，2007．

[8]　赵有璋．羊生产学[M]．北京：中国农业出版社，2002．